职业教育物联网应用技术专业系列教材

Android物联网应用程序开发

第2版

组　编　北京新大陆时代教育科技有限公司
主　编　焦　战　李维勇　林世舒
副主编　崔　鹏　于　智　陈炳初
史娟芬　孙洪民　陈　林
参　编　胡　祎　彭坤容　罗梁堃
黄非娜　邹宗冰

机械工业出版社

本书以全国职业院校技能大赛物联网应用技术赛项智慧城市项目为依托，以Android技术知识体系为依据，将大赛项目折分细化为教学项目展现给读者，让读者学习国赛智慧城市项目中的Android应用程序开发的系统知识。

本书包括岗前准备和8个项目，即Android开发环境搭建、智慧城市界面的实现、页面跳转的实现、数据存储的实现、设备接口调用的实现、界面数据更新的实现、媒体动画的实现及数据传输的实现。

本书主要供职业教育物联网应用技术专业“Android物联网应用程序开发”课程教学使用，也可供爱好编程的读者参与学习。

本书配有电子课件、源代码以方便教师教学，需要者可登录机械工业出版社教育服务网www.cmpedu.com以教师身份免费注册并下载，或联系编辑（010-88379194）索取。本书还配有视频资源，教师可以使用移动设备扫描二维码观看（推荐使用手机浏览器扫码观看）。

图书在版编目（CIP）数据

Android物联网应用程序开发/北京新大陆时代教育科技有限公司组编；焦战，李维勇，林世舒主编．—2版．—北京：机械工业出版社，2021.5（2023.12重印）

职业教育物联网应用技术专业系列教材

ISBN 978-7-111-67969-1

Ⅰ．①A…　Ⅱ．①北…　②焦…　③李…　④林…　Ⅲ．①移动终端—应用程序—程序设计—高等职业教育—教材　Ⅳ．①TN929.53

中国版本图书馆CIP数据核字（2021）第061579号

机械工业出版社（北京市百万庄大街22号　邮政编码100037）

策划编辑：李绍坤　梁　伟　　责任编辑：梁　伟　刘益汛

责任校对：王　欣　　封面设计：鞠　杨

责任印制：刘　媛

涿州市京南印刷厂印刷

2023年12月第2版第6次印刷

184mm×260mm・15.75印张・360千字

标准书号：ISBN 978-7-111-67969-1

定价：49.80元

电话服务

客服电话：010-88361066

010-88379833

010-68326294

网络服务

机　工　官　网：www.cmpbook.com

机　工　官　博：weibo.com/cmp1952

金　书　网：www.golden-book.com

机工教育服务网：www.cmpedu.com

前言

PREFACE

最近几年，物联网得到了人们的广泛关注和应用，在生活中扮演着十分重要的角色，而伴随着物联网便携式移动设备的应用，Android已经成为最主要的移动开发平台系统之一。

本书以全国职业院校技能大赛物联网应用技术赛项智慧城市项目为基础，将大赛项目拆分为小的项目，由易到难，最终以Android技术知识点为教学项目的形式展现给读者，帮助读者对大赛智慧城市项目中的Android应用程序开发进行系统的了解。在项目实践过程中，学生能培养起认真、严谨的工作态度，提高自身的社会责任感。

本书包括岗前准备和8个项目，即Android开发环境搭建、智慧城市界面的实现、页面跳转的实现、数据存储的实现、设备接口调用的实现、界面数据更新的实现、媒体动画的实现及数据传输的实现。

书中的每个项目均按照Android知识体系循序渐进地铺开。学习本书时，建议使用物联网智慧城市实训系统。本书中的大部分内容可以通过使用一台计算机和Android模拟器来学习，但有些内容只能在真正的设备上才能验证完成。

本书由焦战、李维勇、林世舒、崔鹏、于智、陈炳初、史娟芬、孙洪民、陈林、胡祎、彭坤容、罗梁堃、黄非娜、邹宗冰共同编写，焦战负责全书内容的规划和编排。本书中的项目实践案例选自“新大陆杯”全国职业院校技能大赛物联网应用技术赛项智慧城市项目，在此表示感谢。

在本书的编写过程中，编者尽可能把智慧城市所用到的Android开发的相关知识、技能传递给读者。由于编者水平有限，书中难免存在错误和不足之处，欢迎读者批评指正。

编　者

二维码索引

（续）

序号	视频名称	二维码	页码	序号	视频名称	二维码	页码
19	农业大棚中的风扇控制		155	24	通风风扇动画演示		203
20	农业大棚中的灯照控制		161	25	火焰报警信息的传递		216
21	声音警报功能的实现		170	26	终端远程控制摄像头		228
22	购物二维码的识别		181	27	验证用户登录信息		234
23	预警信息振动提示		196				

▸ CONTENTS

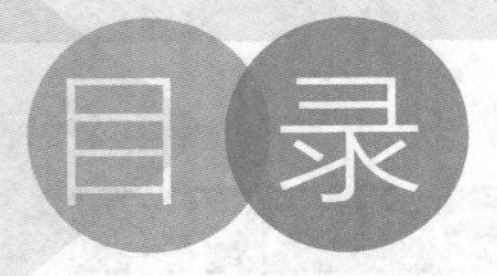

目录

岗 前 准 备

【项目概述】

1. 项目名称

项目名称为物联网工程应用实训系统2.0，主题为智慧城市。

2. 项目背景

世界人口城市化进程加快，带来了人口管理、交通拥堵、环境保护、安全等诸多问题，是每个城市管理者必须面对并需要统筹规划的问题。城市发展中的困境需要“智慧城市”等新的手段来解决。智慧城市是在现有城市信息化的基础上实现城市管理更安全、更高效、随时响应和智能化。

智慧城市不是城市信息化、“数字城市”的简单升级，而是通过构建以政府、企业、市民为三大主体的交互、共享信息平台，为城市治理与运营提供更简捷、高效、灵活的决策支持与行动工具，实现可感可视的安全、触手可及的便捷、实时协同的高效、和谐健康绿色的目标。

智慧城市充分借助物联网技术，涉及智能楼宇、智能家居、安防监控、智能社区医院、社区管理服务、电子商业等诸多领域，在新科技和信息产业技术的发展下，充分发挥信息通信（ICT）产业发达、RFID相关技术领先、电信业务及信息化基础设施优良等优势，通过建设ICT基础设施、认证、安全等平台和示范工程，加快产业关键技术攻关，构建社区发展的智慧环境，形成基于海量信息和智能过滤处理的新的生活、产业发展、社会管理等模式，面向未来构建全新的城市形态。

最终的目的是通过遥感、地理信息系统、导航定位、通信、高性能计算等高新技术，以地理空间信息应用为核心，整合城市空间分布相关的信息，准确表达城市、分析和模拟城市空间信息应用为核心，通过云计算、物联网等为核心的新一代信息技术来改变政府、企业、人们的相互交往方式，包括对民生、环保、公共安全、城市服务等在内的各种需求做出反应，提高城市运作效率，创造城市美好生活，使城市变得更加“智慧”（见图0-1）。

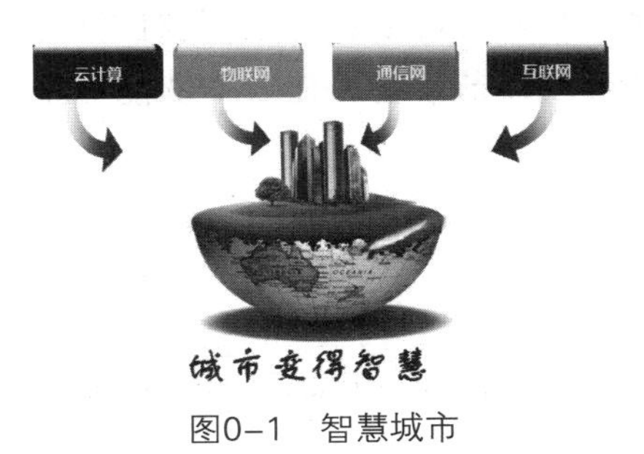

图0-1　智慧城市

【项目需求分析】

智慧城市开发共分为以下四大模块：环境气象、智能商超、预警信息、智能农业。

1．环境气象

大家都知道天气是变化莫测的，在出门时，如果没有做足准备，很容易因为没有带雨伞而被雨淋湿、因为穿得不适宜而冻着或者热着，刚洗完车就遇到下雨或者下雪的情况。为了避免上述情况发生，需要时时得知外面的温度与湿度，好提醒我们穿多少衣服、适不适宜洗车、适不适合旅游等。

2．智能商超

现如今可供购买的商品越来越多，超市的出现无疑给人们带来了极大的方便，但新问题也随之而来，如超市价签更改不及时或出现错误给超市经营者和消费者带来损失，超市商品频繁被窃，超市品种繁多的易腐烂商品的及时监控和更换，超市高峰期在收银台排起的长龙等问题一直困扰着商家。我们需要通过日渐成熟的物联网技术达到超市智能管理，创造一个以消费者为主导的零售关系，给消费者和商家都带来方便。

3．预警信息

预警信息模块主要是针对社区安防这一块，社区是城市的单位，是城市人的生活区域。智慧社区建设是智慧城市建设的一个重要组成部分。只有社区和谐，才有社会的和谐。良好的社区治安有利于促进居住安宁，维护社会稳定，是建设和谐社会、和谐社区的基本条件。

人们需要找到一种更具智慧的新方法，以更快、更好地实现从管理到服务，从治理到运营，从零碎分割的局部到协同一体的平台服务的跨越。

4．智能农业

智能农业主要是进行温室大棚的设置，我国地域辽阔，气候复杂，采用温室大棚进行蔬菜、花卉等的栽培，对缓解蔬菜淡季的供求矛盾起到了重要的作用，具有显著的社会效益和现实的巨大经济效益。在栽培的过程中，需要实时采集大棚内的空气温度、湿度、光照、土壤温度、土壤水分等环境参数，根据农作物生长需要进行实时智能决策，并自动开启或者关闭指定的环境调节设备，使农作物能够正常生长，以满足人们的日常生活需求。

【项目实施方案】

本项目主要通过Android程序设计来实现所有模块的开发。

【项目功能设计】

本项目4个模块的功能设计如下：

1. 环境气象

该模块的主要功能是实现户外温度与湿度的采集，通过手机智能提示给用户穿衣、洗车和旅游的安排。

2. 智能商超

智能商超模块的功能设计包含以下6个小模块的开发：拍码购物管理、基础信息管理、商品实时查看、视频监控、销售情况查询、系统提醒。

（1）拍码购物管理

拍码购物管理主要是显示手机进行拍码购物后的订单记录信息，可根据时间进行查询。

（2）基础信息管理

基础信息管理可查看超市添加的商品的基础信息。

（3）商品实时查看

商品实时查看能够实时查看到商品信息。

（4）视频监控

先要进行摄像头IP连接，通过设置图标进行摄像头IP地址的设置，设置完成后就可以看到拍摄的画面。

（5）销售情况查询

销售情况查询可以查看超市的销售情况。

（6）系统提醒

系统提醒能够陈列历史的系统提醒记录，并对其进行相关处理。

3. 预警信息

该模块的功能设计主要是当感应到火焰、烟雾和人体时，会产生报警提示内容，提示内容会显示到LED上以及推送到业主端（安卓端），同时在展示端会有相应的动态反应。

4. 智能农场

该功能主要是针对温室大棚的设计，温室大棚能够采集到的传感数据，包括温度感应、湿度感应、光照感应、空气质量、可燃气体、人体感应、火焰等。

执行开启逻辑，则温室大棚中的空调、风扇、灯泡等会根据实际传感数据与事先设置好的正常传感数据范围进行比较后自动反应。

执行关闭逻辑，则可手动对空调、门、照明灯、加热灯、风扇进行开关操作；另外，空调、门与风扇的开关能够关联到硬件平台上的3个继电器。

【项目学习方法】

通过合作和实践的学习法

1．人人都要参与

2．激发每一个人的潜能

3．团结和沟通

4．在实践中发现

5．在实践中学习

6．在实践中合作

7．在合作和实践中学习

【项目考核方法】

平时考核（上课出勤）	20%
项目完成度及项目使用说明书	60%
项目答辩	20%

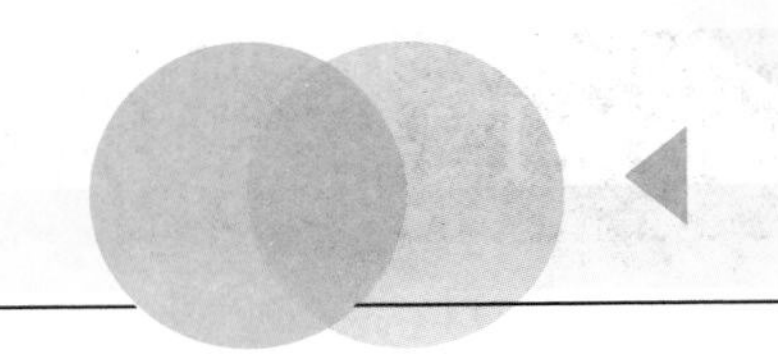

Project 1

项目 1

Android开发环境搭建

学习目标

本项目主要介绍Android系统的发展历史、特点及体系结构，通过实训搭建Android开发环境、配置模拟器，为智慧城市项目开发奠定基础。

项目目标（见图1-1）

图 1-1

任务1　Android系统环境搭建

任务目标

1．了解Android操作系统的发展历史

2．了解Android操作系统的特点

3．理解Android操作系统的体系结构

4．掌握Android开发环境的搭建

知识准备

1．Android操作系统简介

Android是一种基于Linux的自由及开放源代码的操作系统，主要使用于移动设备，如智能手机和平板计算机，由Google公司和开放手机联盟领导及开发。Android操作系统最初由Andy Rubin开发，主要支持手机。2005年8月，由Google收购注资。2007年11月，Google与84家硬件制造商、软件开发商及电信运营商组建开放手机联盟，共同研发改良Android操作系统。随后Google以Apache开源许可证的授权方式发布了Android的源代码。第一部Android智能手机发布于2008年10月，后来Android逐渐扩展到平板计算机及其他领域，如电视、数码相机、游戏机、智能手表等。

艾媒数据中心（data. iimedia. cn）发布了2019年移动操作系统市场份额数据，如图1-2所示。手机操作系统主要应用在智能手机上，主流的智能手机操作系统有Google的Android和苹果的iOS等。目前应用在手机上的操作系统主要有Android（谷歌）、iOS（苹果）、Windows Phone（微软）、Symbian（诺基亚）、BlackBerry OS（黑莓）、Web OS、Windows Mobile（微软）、Harmony（鸿蒙）等。

艾媒咨询数据显示，2019年手机端Android操作系统市场份额达68. 63%，而同期iOS操作系统的市场份额仅为30. 99%。从总量来看，2019年手机端Android与iOS操作系统占据了99. 62%的市场份额。从长期来看，手机端Android操作系统和iOS操作系统都经过了激烈的市场竞争，Android操作系统市场份额从2009年1月最初的1. 56%一路上升超过iOS操作系统，最终在70%附近波动，于2019年9月达到68. 63%。与此同时，手机端iOS操作系统的主要竞争者就来自于Android操作系统，在Android操作系统急剧扩张的同时也受到一定

的冲击，但并未像其他操作系统一样淡出市场。

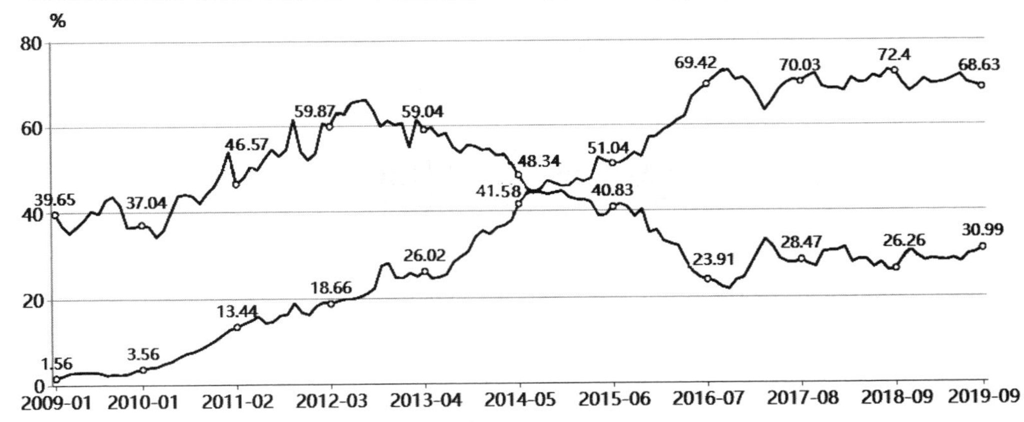

图1-2　Android操作系统市场份额

每个Android版本都有个对应的API Level，对应着某个Android发布版本的名称，见表1-1。

表1-1　常用Android版本与对应的API等级

Android版本名称	对应的API等级
Android 10.0+（R）	30
Android 10.0（Q）	29
Android 9.0	28
Android 8.1	27
Android 8.0	26
Android 7.1.1	25
Android 7.0	24
Android 6.0	23
Android 5.1	22
Android 5.0	21
Android 4.4W	20
Android 4.4	19
Android 4.3	18
Android 4.2	17
Android 4.1	16
Android 4.0.3	15

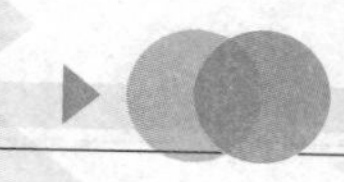

（续）

Android版本名称	对应的API等级
Android 4.0	14
Android 3.2	13
Android 3.1	12
Android 3.0	11
Android 2.3.3	10
Android 2.3	9
Android 2.2	8
Android 2.1	7

2．Android平台架构及特性

（1）Android平台特性

1）应用程序框架支持组件的重用与替换。人们可以非常轻松地删除不喜欢的程序，安装需要的程序。

2）Dalvik虚拟机专门为移动设备进行了优化。Android应用程序将由Java编写、编译的类文件通过DX工具转换成一种扩展名为.dex的文件来执行。Dalvik虚拟机基于寄存器，相对于Java虚拟机速度要快很多。

3）内部集成浏览器基于开源的WebKit引擎。有了内置的浏览器，这将意味着WAP应用的时代即将结束，真正的移动互联网时代已经来临，手机就是一台“小计算机”，可以在网上随意遨游。

4）优化的图形库包括2D和3D图形库，3D图形库基于OpenGL ES 1.0。强大的图形库给游戏开发带来了福音。

5）SQLite用作结构化的数据存储。

6）多媒体支持包括常见的音频、视频和静态图像文件格式，如MPEG4、H.264、MP3、AAC、AMR、JPG、PNG和GIF。

7）GSM电话（依赖于硬件）。

8）蓝牙（Bluetooth）、EDGE和Wi-Fi（依赖于硬件）。

9）照相机、GPS、指南针和加速度计（依赖于硬件）。

10）丰富的开发环境包括设备模拟器、调试工具、内存及性能分析图表等。

Google提供了Android开发包SDK，其中包含了大量类库和开发工具。

（2）Android平台架构

Android的本质就是在标准的Linux系统上增加了Java虚拟机Dalvik，并在Dalvik

虚拟机上搭建了一个Java的Application Framework，所有的应用程序都是基于Java的Application Framework。

Android主要应用于ARM平台，但不限于ARM，通过编译控制，在x86、MAC等体系结构的机器上同样可以运行。

Android架构分为4层，从高层到低层分别是应用程序层、应用程序框架层、系统运行库层和Linux内核层（见图1-3）。其中，蓝色（高层）代表Java程序；黄色（次高层）代表为运行Java程序而实现的虚拟机；绿色（次低层）代表为C/C++语言编写的程序库，它们通过Java的JNI方式调用；红色（低层）代表用C/汇编语言编写的内核（Linux内核+driver）。

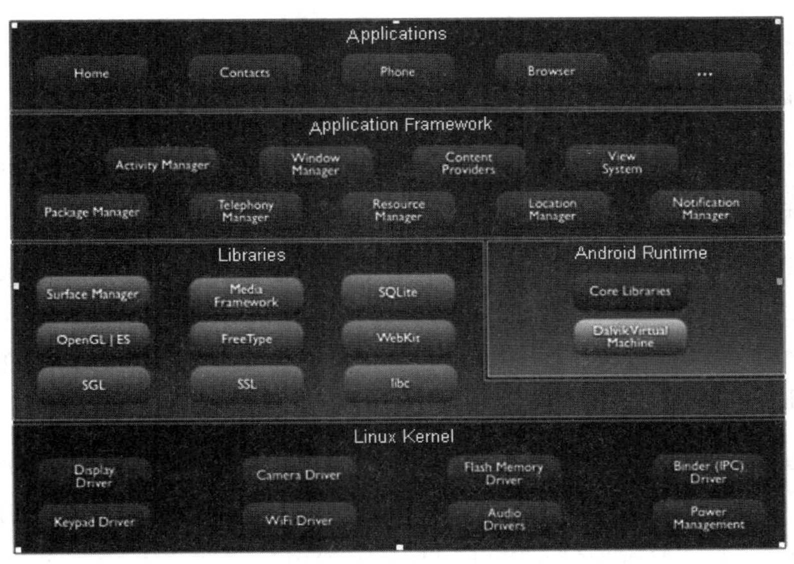

图1-3

1）应用程序。所有的应用程序都是使用Java语言编写的，每一个应用程序由一个或者多个活动组成，活动必须以Activity类为超类。活动类似于操作系统上的进程，但是活动比操作系统的进程要更为灵活，与进程类似的是，活动在多种状态之间进行切换。

利用Java的跨平台性质，基于Android框架开发的应用程序可以不用编译运行于任何一台安装有Android系统的平台，这正是Android的精髓所在。

2）应用程序框架。应用程序的架构设计简化了组件的重用，任何一个应用程序都可以发布它的功能块，并且任何其他的应用程序都可以使用其所发布的功能块（不过得遵循框架的安全性限制）。

隐藏在每个应用后面的是一系列服务和系统，其中包括如下内容：

① 丰富而又可扩展的视图（Views）可以用来构建应用程序，包括列表（Lists）、网格（Grids）、文本框（Text Boxes）、按钮（Buttons），甚至可嵌入的Web浏览器。

② 内容提供器（Content Providers）使得应用程序可以访问另一个应用程序的数据（如联系人数据库），或者共享它们自己的数据。

③ 资源管理器（Resource Manager）提供非代码资源的访问，如本地字符串、图形和布局文件（Layout Files）。

④ 通知管理器（Notification Manager）使得应用程序可以在状态栏中显示自定义的提示信息。

⑤ 活动管理器（Activity Manager）用来管理应用程序生命周期并提供常用的导航回退功能。

3）系统运行库。

① 程序库。

Android包含一些C/C++库，这些库能被Android系统中不同的组件使用。它们通过Android应用程序框架为开发者提供服务。

a）Surface Manager：表面管理器，用于管理显示子系统。当系统同时执行多个应用程序时，Surface Manager会负责管理显示与存取操作间的互动，还负责将2D绘图与3D绘图进行显示上的合成。Surface Manager可以准备一块Surface（可以看作一个layer），把Surface的fd（一块内存）传给一个App，让App可以在上面绘画。

b）Media Framework：基于PacketVideo OpenCore的多媒体库，Android系统提供的支持音频、视频播放和录制的接口。Media Framework支持所有通用的音频、视频、静态图像格式，支持的格式包括MPEG4、H.264、MP3、AAC、AMR、JPG、PNG等。

c）SQLite：一个对于所有应用程序可用，功能强劲的轻型关系型数据库引擎。由于它占用的资源非常少，所以很多嵌入式设备都是用SQLite来存储数据。它目前支持Windows/Linux/UNIX等主流操作系统，兼容性还不错。人们也可以用多种开发语言（如C#、Java、PHP等）来通过ODBC接口操作SQLite，十分方便。

d）OpenGL ES：基于OpenGL ES 1.0 API标准实现的3D跨平台图形库。

e）FreeType：用于显示位图（Bitmap）和矢量（Vector）字体。

f）WebKit：Web浏览器的软件引擎。

g）SGL：底层的2D图形引擎。

h）SSL：安全套接层，是一种为网络通信提供安全及数据完整性的安全协议。

i）libc（bionic libc）：继承BSD的C函数库bionic libc，更适合基于嵌入式Linux的移动设备。

另外这里还有一个硬件抽象层。其实Android并非所有的设备驱动都放在Linux内核里面，有一部分实现在用户空间，这么做的主要原因是可以避开Linux所遵循的GPL协议。一般情况下如果要将Android移植到其他硬件去运行，则只需要实现这部分代码即可。

② Android运行库。

Android包括了一个核心库，该核心库提供了Java编程语言核心库的大多数功能。

每一个Android应用程序都在它自己的进程中运行，都拥有一个独立的Dalvik虚拟机实例。

Dalvik被设计成一个设备，可以同时高效运行多个虚拟系统。

Dalvik虚拟机执行（.dex）Dalvik可执行文件。该格式文件针对小内存使用做了优化。

虚拟机是基于寄存器的，所有的类都经由Java编译器编译，然后通过SDK中的“dx”工具转化成.dex格式由虚拟机执行。

Dalvik虚拟机依赖于Linux内核的一些功能，如线程机制和底层内存管理机制。

4）Linux内核。Android的核心系统服务依赖于Linux 2.6内核，如安全性、内存管理、进程管理、网络协议栈和驱动模型。

Linux内核也同时作为硬件和软件栈之间的抽象层。另外，还对其做了部分修改，主要涉及以下两个部分：

① Binder：提供有效的进程间通信，虽然Linux内核本身已经提供了这些功能，但是Android系统很多服务都需要用到该功能。

② 电源管理：为手持设备节省能耗。

3．Android系统环境搭建

一款好的开发工具是完成高质量、高效率的Android开发必不可少的。Android Studio作为Google推荐的安卓开发第一利器，为绝大多数安卓开发人员钟爱，接下来进行Android Studio的安装和配置。

（1）安装Android Studio

Android Studio的安装包可以到AS中文社区官网（http://www.android-studio.org/）进行下载并安装（注意：请保证安装过程网络畅通，并建议计算机的内存在8G以上）。

Android Studio安装后自带JRE，如果项目中没有用到新版本JDK的特性功能，那么可以直接使用Android studio自带的JRE，不用安装JDK。如果想要使用自己安装的JRE和新版本JDK的特性功能，那么就需要安装部署JDK开发环境。JDK开发环境的安装和配置此处不再展开。

此处以“android-studio-ide-181.5056338-windows.exe”为例讲解安装过程。

双击“android-studio-ide-181.5056338-windows.exe”安装程序，进入Android安装向导界面，单击“Next”按钮，如图1-4所示。

图1-4　安装向导界面

在这里使用默认的配置，单击“Next”按钮，如图1-5所示。

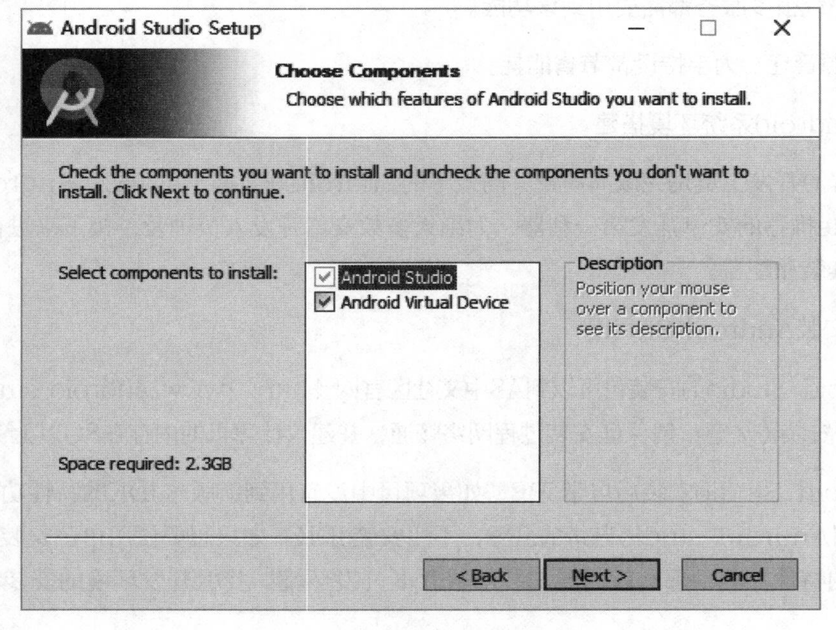

图1-5　组件选择界面

在此窗口可以设置Android Studio的安装路径。这里使用默认路径，单击“Next”按钮，如图1-6所示。

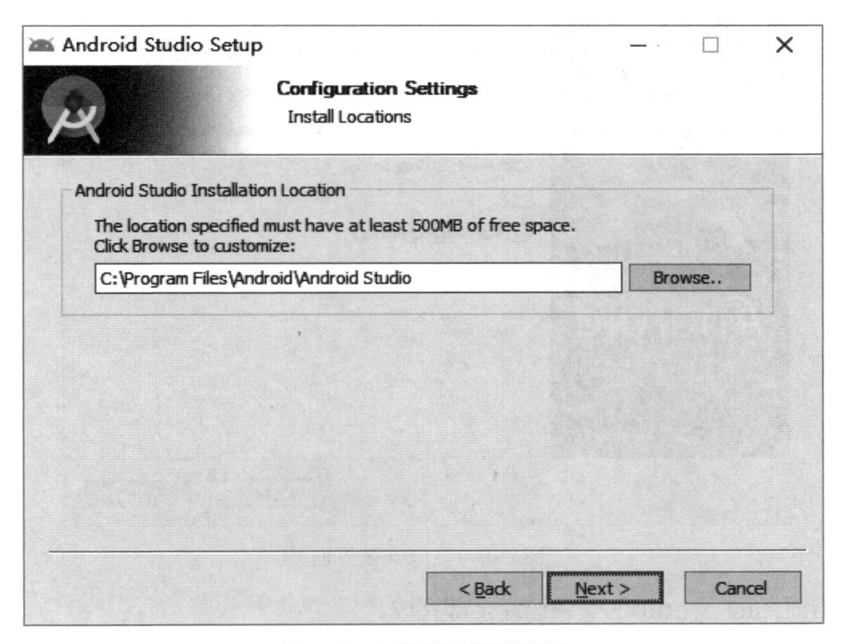

图1-6 安装路径设置界面

继续单击“Next”按钮，进入“Android Studio Setup”界面，安装完成后单击“Next”按钮，如图1-7所示。

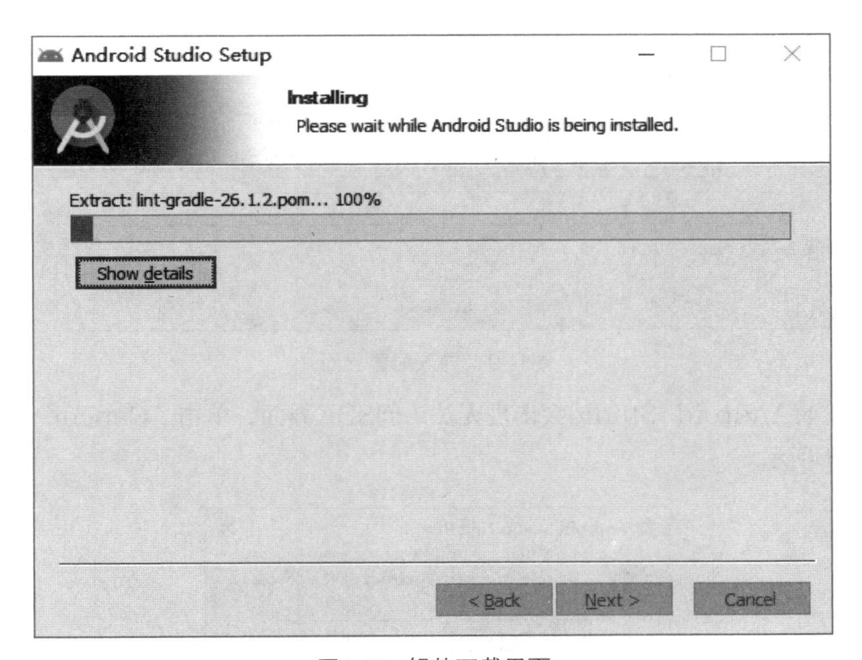

图1-7 组件下载界面

在这里默认勾选“Start Android Studio”，单击“Finish”按钮，如图1-8所示。

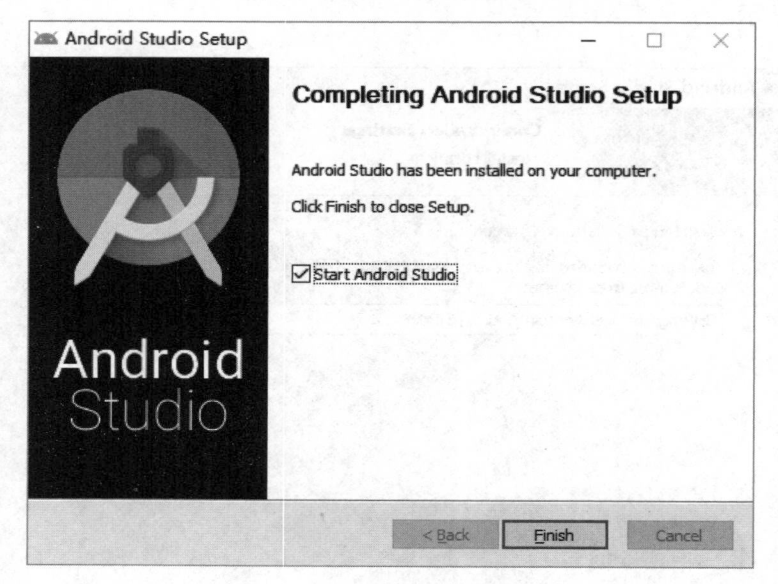

图1-8　完成安装界面

至此，Android Studio的安装已经全部完成。

（2）配置Android Studio

安装完成之后首次运行Android Studio，会进入导入配置界面，由于是第一次安装，这里选择“Do not import settings”，单击“OK”按钮，如图1-9所示。

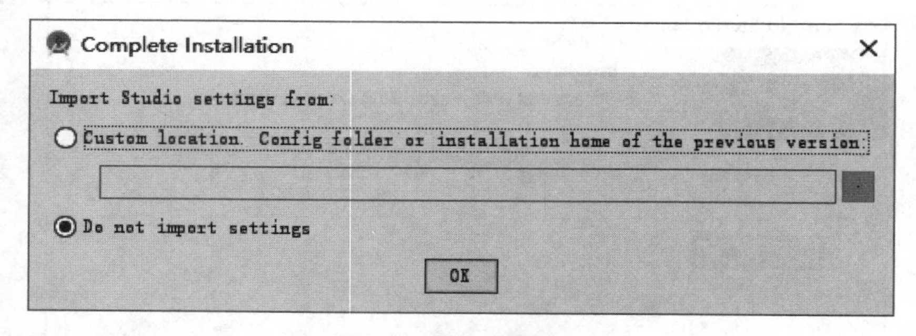

图1-9　导入配置界面

第一次安装Android Studio会出现无法访问SDK界面，单击“Cancel”按钮取消即可，如图1-10所示。

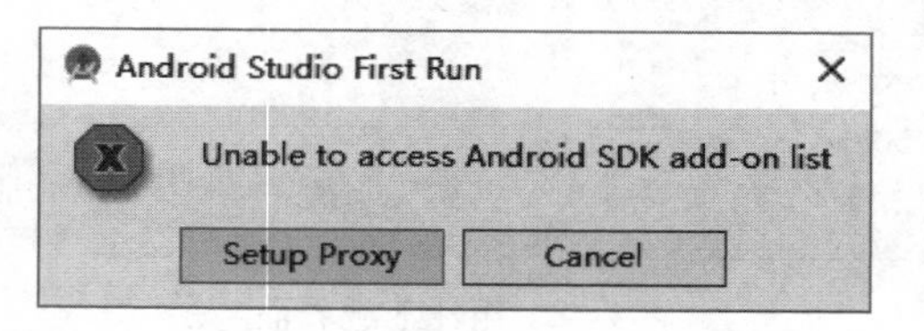

图1-10　无法访问SDK界面

在欢迎界面，单击“Next”按钮，如图1-11所示。

图1-11　欢迎界面

在安装类型选择界面，设置安装类型，选择“Standard”标准模式，单击“Next”按钮，如图1-12所示。

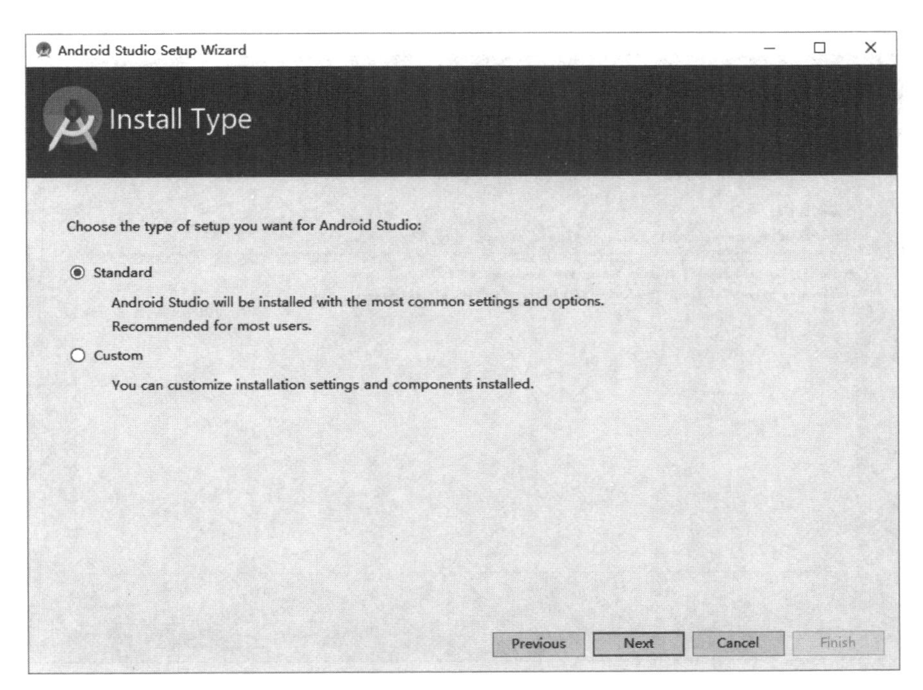

图1-12　安装类型选择界面

在确认配置界面中单击“Finish”按钮，如图1-13所示。

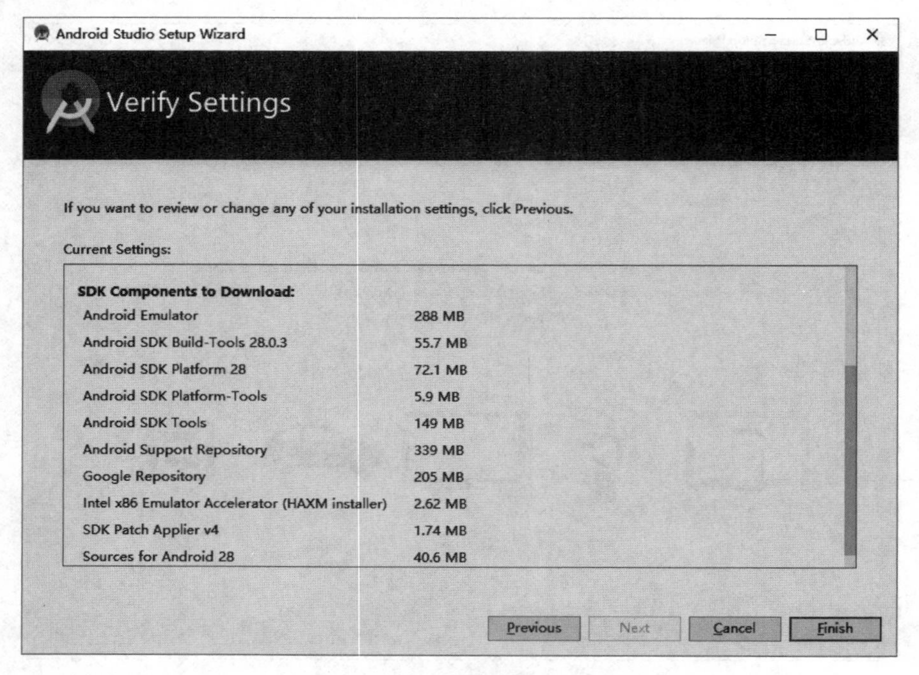

图1-13 确认配置界面

下载组件的过程可能会比较长，请耐心等待。完成后，单击“Finish”按钮，如图1-14所示。

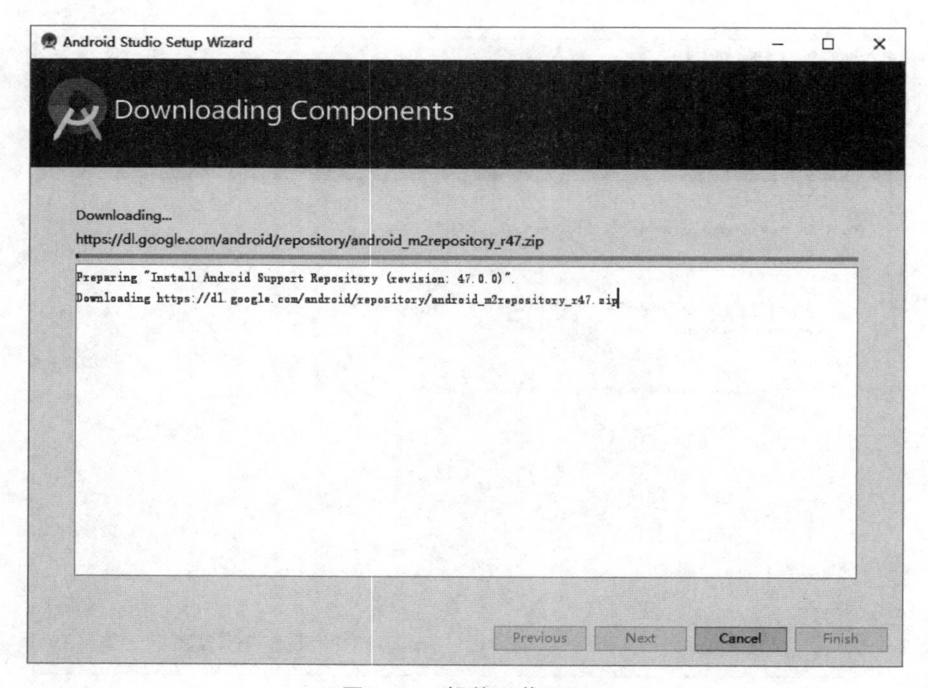

图1-14 组件下载界面

软件出现Android Studio导航界面，如图1-15所示。至此，Android Studio就已经安装配置完毕。

图1-15　Android Studio导航界面

任务2　创建并运行Android Studio项目

任务目标

1．了解Android Studio项目的创建过程

2．掌握在模拟器上运行Android Studio项目的过程

知识准备

1．Android模拟器简介

Android模拟器是Android SDK自带的一个移动模拟器。它是一个可以运行在计算机上的虚拟设备。Android模拟器不需要使用物理设备即可预览、开发和测试Android应用程序。

Android模拟器的功能如下：

1）可模拟电话本、通话、短消息等功能。

2）内置的浏览器和Google Maps均可联网。

3）可以使用PC键盘输入（不包括小键盘）。

4）可使用模拟器按键、键盘输入。

5）可以使用鼠标单击、拖拽屏幕进行操作。

Android模拟器与真机的区别如下：

1）不支持呼叫和接听实际来电，但可以通过控制台模拟电话呼入和呼出。

2）不支持USB连接。

3）不支持视频捕捉。

4）不支持音频输入，但支持输出。

5）不支持扩展耳机。

6）不能确定连接状态。

7）不能确定电池电量水平和交流充电状态。

8）不能确定SD卡的插入/弹出。

9）不支持蓝牙。

10）模拟器在PC上产生的临时文件需要手工清理。

2．Android程序目录简介

（1）工程目录组成

1）src目录。src目录是源代码目录，所有允许用户修改的Java文件和用户自己添加的Java文件都保存在这个目录中。

2）gen目录。gen目录用来保存自动生成的Java文件，如R. java或AIDL文件。该目录中的文件不建议用户进行任何修改。

3）assets目录。assets目录用来存放原始格式的文件，如音频文件、视频文件等二进制格式文件。该目录中的资源不能够被R. java文件索引，因此只能以字节流的形式进行读取，默认为空目录。

4）bin目录。bin目录保存了编译过程中所产生的文件以及最终生成的apk文件。

5）res目录。res目录是资源目录，Android程序所有的图像、颜色、风格、主题、界面布局和字符串等资源都保存在其下的几个子目录中。

其中，drawable-hdpi、drawable-mdpi和drawable-ldpi目录用来保存同一个程序中针对不同屏幕尺寸需要显示的不同大小的图像文件。layout目录用来保存与用户界面相关的布局文件。values目录用来保存颜色、风格、主题和字符串等资源。

在建立的工程中，每个drawable目录自动引入了一个不同尺寸的icon. png文件，Android系统会根据目标设备的屏幕分辨率，为新建工程程序加载不同尺寸的图标文件；在layout目录生成了activity_main. xml文件；在values目录生成了strings. xml文件，将应用程序名称和界面显示的提示信息保存在这个文件中。

Android标准资源文件夹res下的所有文件默认都会被编译入R类。R类对res文件夹下不同的文件夹进行归类。res文件夹下的文件在R类中以一个十六进制的数值进行标识。

6）android. jar文件。android. jar文件是Android程序所能引用的函数库文件，Android系统所支持的API都包含在这个文件中。

7）project. properties文件记录了Android工程的相关设置，如编译目标和apk设置等，该文件不能手工修改。

如果需要更改其中的设置，则必须用鼠标右键单击工程名称，选择“Properties”进行修改。

从project. properties文件的代码中可以发现，大部分都是内容注释，仅有第12行是有效代码，说明Android程序的编译目标。

8）AndroidManifest. xml。AndroidManifest. xml是XML格式的Android程序声明文件，包含了Android系统运行Android程序前所必须掌握的重要信息，这些信息包括应用程序名称、图标、包名称、模块组成、授权和SDK最低版本等。它指定了该应用程序的Java包，该包名作为应用程序的一个独特标识。

它描述了应用程序组件，该应用程序由哪些Activity、Service、Broadcast Receiver和Content Provider组成。它指定了实现每个组件的类以及公开发布它们的能力（如它们能持有哪个Intent信息）。这些声明使Android系统知道这里有什么组件以及在什么条件下它们可以被载入。

它决定哪些进程将容纳应用程序组件。它声明了本应用程序必须拥有哪些许可，以便访问API的被保护部分以及与其他应用程序交互。它也声明了其他应用程序在和该应用程序交互时需要持有的许可。它列出了Instrumentation类，可以在应用程序运行时提供简档文件和其他信息。这些声明仅当应用程序在开发和测试过程中被提供。它们将在应用程序正式发布之前被移除。

它声明了该应用程序所需的Android API的最小化水平，列出了该应用程序必须链接的库。

主要结构及规则下面的列表显示了manifest文件通常的结构以及它可以含有的元素。每个元素连同它的所有属性，会在各个单独的文档里进行充分描绘。

<?xml version="1.0" encoding="utf-8"?>

<manifest> //根节点，描述了package中所有的内容

<uses-permission /> //请求package正常运作所需赋予的安全许可。一个manifest能包含零个或更多该元素

<permission /> //声明了安全许可限制哪些程序能使用package中的组件和功能。一个manifest能包含零个或更多该元素

<permission-tree />

<permission-group />

<instrumentation /> //声明了用来测试该package或其他package指令组件的代码。一个manifest能包含零个或更多该元素

<uses-sdk /> //指定当前应用程序兼容的最低sdk版本号

<application> //包含package中Application级别组件声明的根节点。该元素也可包含Application中全局和默认的属性，如标签、icon、主题、必要的权限等。一个manifest能包含零个或一个该元素（不允许多于一个）

<activity> //用来与用户交互的主要工具。当用户打开一个应用程序的初始页面时，一个Activity,大部分被使用到的其他页面，由不同的Activity所实现并声明在另外的Activity标记中

<intent-filter> //声明了指定的一组组件支持的Intent值

<service> //Service是能在后台运行任意时间的组件

<receiver> //Intent Receiver能使Application获得的数据发生改变或者产生操作，即使它当前不在运行

<provider> //Content Provider是用来管理持久化数据并发布给其他应用程序使用的组件

（2）Android应用程序构成

一个Android应用程序通常由以下5个组件构成：活动（Activity）、意图（Intent）、服务（Service）、内容提供器（Content Provider）和广播接收者（Broadcast Receiver）。

1）活动（Activity）。活动（Activity）是最基本的Android应用程序组件。在应用程序中，一个活动通常就是一个单独的屏幕。每个活动都通过继承活动基类而被实现为一个独立的活动类。活动类将会显示由视图控件组成的用户接口，并对事件做出响应。

2）意图（Intent）。Intent用来描述应用程序的功能。Intent是利用消息实现应用程序间的交互机制，能够在程序运行的过程中连接两个不同的组件。Intent描述了应用中一次操作的动作、数据以及附加数据，向Android表达某种请求或者意愿，Android系统会根据Intent描述的内容选择适当的组件来响应，并将Intent传递给该组件，完成组件的调用。

3）服务（Service）。服务是Android应用程序中具有较长的生命周期，但是没有用户界面的程序。Service运行在后台，并且可以与其他程序进行交互。Service跟Activity的级别差不多，但是不能独立运行，需要通过某一个Activity来调用。Android应用程序的生命周期是由Android系统来决定的，不由具体的应用程序线程来控制。

如果应用程序要求在没有界面显示的情况还能正常运行（要求有后台线程，而且直到线

程结束，后台线程才会被系统回收），此时就需要用到Service。

4）内容提供器（Content Provider）。Android应用程序可以使用文件或SQLite数据库来存储数据。Content Provider提供了一种多应用间数据共享的方式。

一个Content Provider类实现一组标准的方法，能够让其他应用程序保存或读取此内容提供器处理的各种数据类型，即一个应用程序可以通过实现一个Content Provider的抽象接口将自己的数据暴露出去。外界根本看不到，也不用看到该应用程序暴露的数据是如何存储的，但是外界通过这一套标准及统一的接口，可以读取应用程序的数据，也可以删除应用程序的数据。

5）广播接收者（Broadcast Receiver）。Broadcast Receiver不执行任何任务，它是接收并响应广播通知的一类组件。大部分广播通知是由系统产生的，如改变时区、电池电量低、用户选择了一幅图片或者用户改变了语言首选项。一个程序可以有多个Broadcast Receivers来接收它认为重要的通知。Broadcast Receivers没有用户界面，但是可以打开一个Activity来对接收到的信息做出反应，或者利用Notification Manager（通知管理器）来警告用户。Notifications可以用很多方法来引起用户的注意，一般是在状态栏显示一个图标，以便用户打开信息。

（3）Android文件类型

1）java：应用程序源代码。Android本身相当一部分都是用Java编写而成的。Android的应用程序使用Java来开发。

2）class：Java编译后的目标代码。Android使用Dalvik来运行应用程序。Android的class文件是编译过程中的中间目标文件，只有链接成dex文件，才能在Dalvik上运行。

3）dex：Android平台上的可执行文件。Dalvik虚拟机执行的是dex格式字节码，并非Java字节码。在编译Java代码之后，通过Android提供的DX工具可以将Java字节码转换成dex字节码。

Dalvik针对手机应用、嵌入式CPU做过优化，可以同时运行多个VM实例而不占用过多系统资源。

任务实现

（1）创建Android Studio项目

1）打开Android Studio，会出现Android Studio导航界面。单击列表第一项“Start a new Android Studio project”创建一个新的Android Studio项目。

2）在“Creat New Project”界面中，填入“Application name”（应用程序名称），“Company domain”（公司域名），“Project location”（项目路径），单击“Next”

按钮，如图1-16所示。

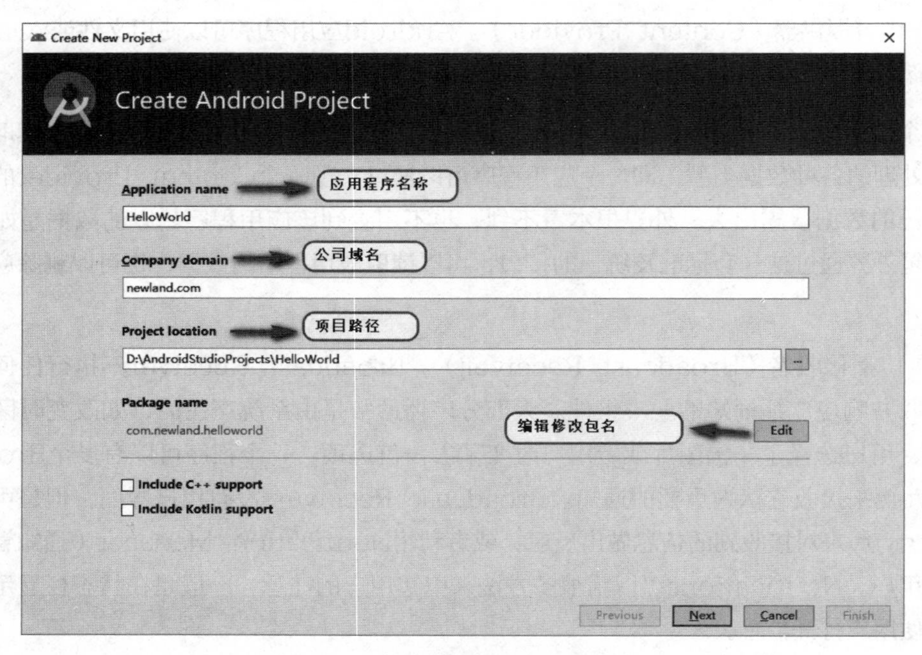

图1-16　创建新的Android项目界面

3）在Android设备设置界面，选择“Phone and Tablet”（针对手机和平板设置），在下拉列表中选择适配的最小版本，单击“Next”按钮，如图1-17所示。

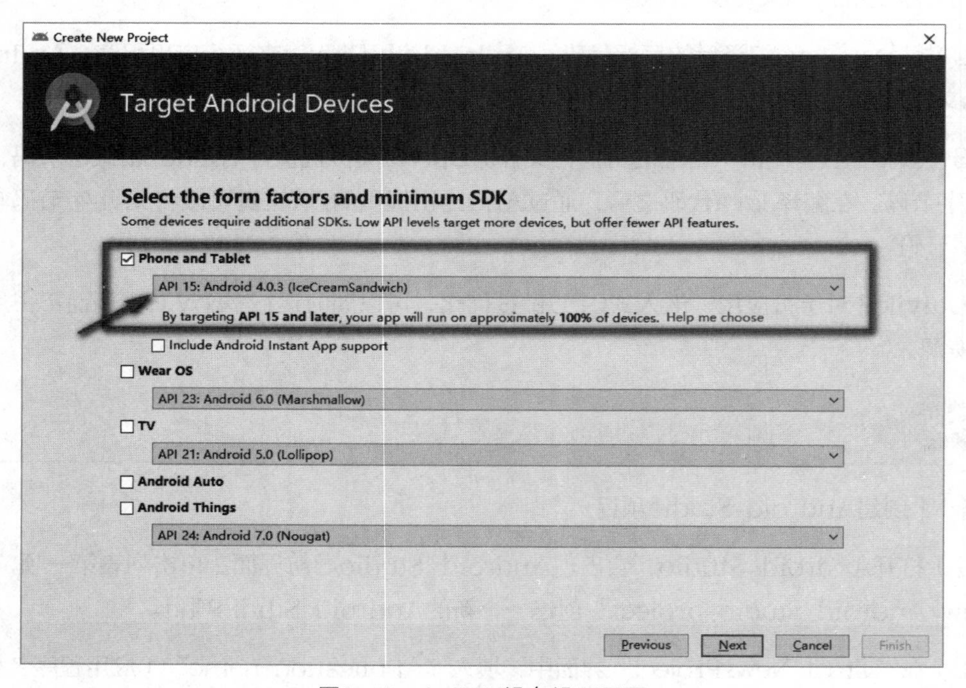

图1-17　Android设备设置界面

4）在选择Activity样式界面，使用默认的“Empty Activity”模式，单击“Next”按钮，如图1-18所示。

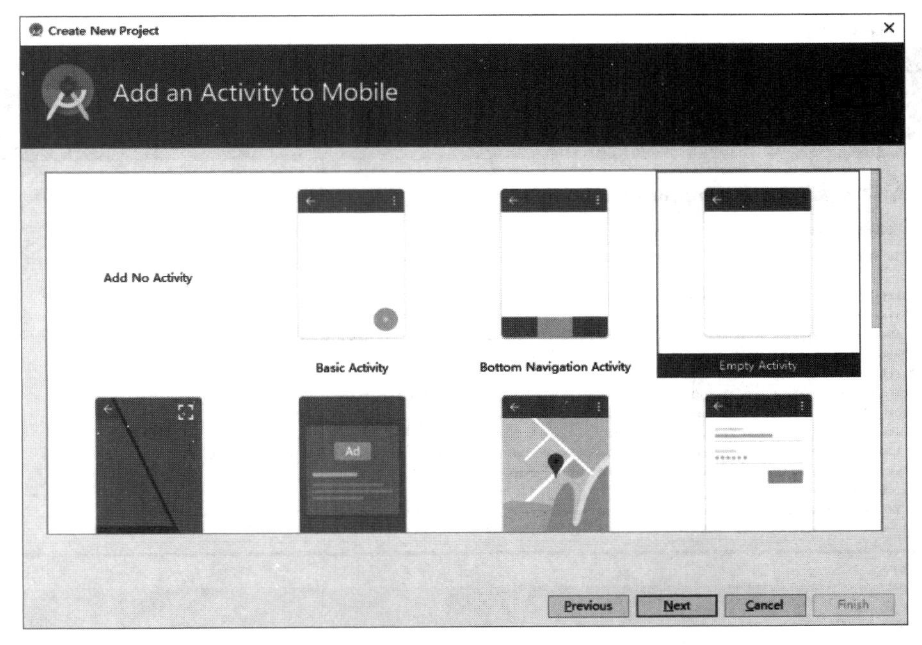

图1-18　选择Activity样式界面

5）在Activity配置界面，可以设置“Activity Name”与“Layout Name”，使用默认设置，单击“Next”按钮，如图1-19所示。

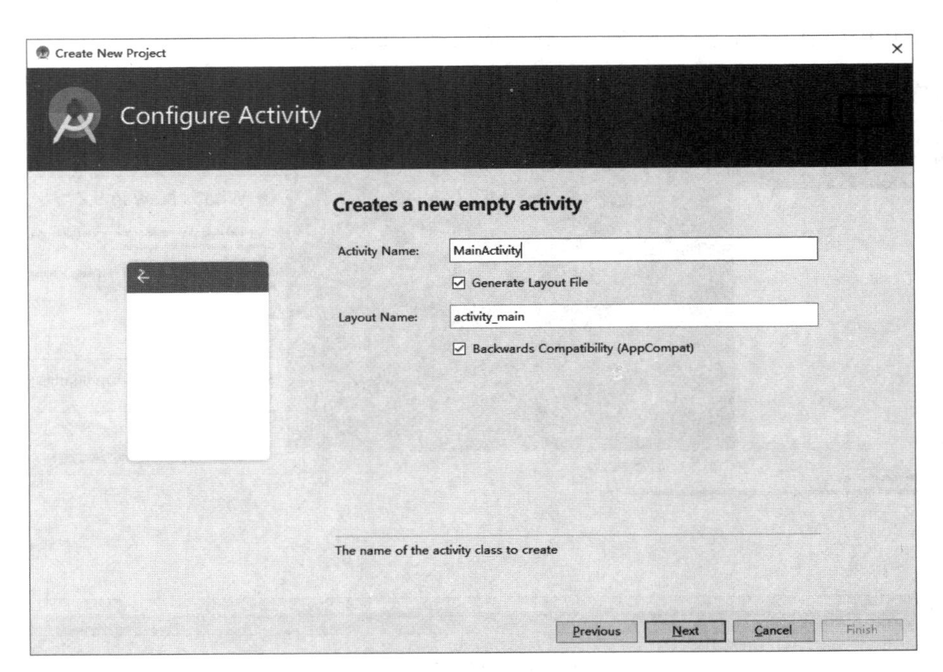

图1-19　Activity配置界面

6）因为是第一次创建Android项目，需要安装SDK组件，安装完成后单击“Finish”按钮，如图1-20所示。

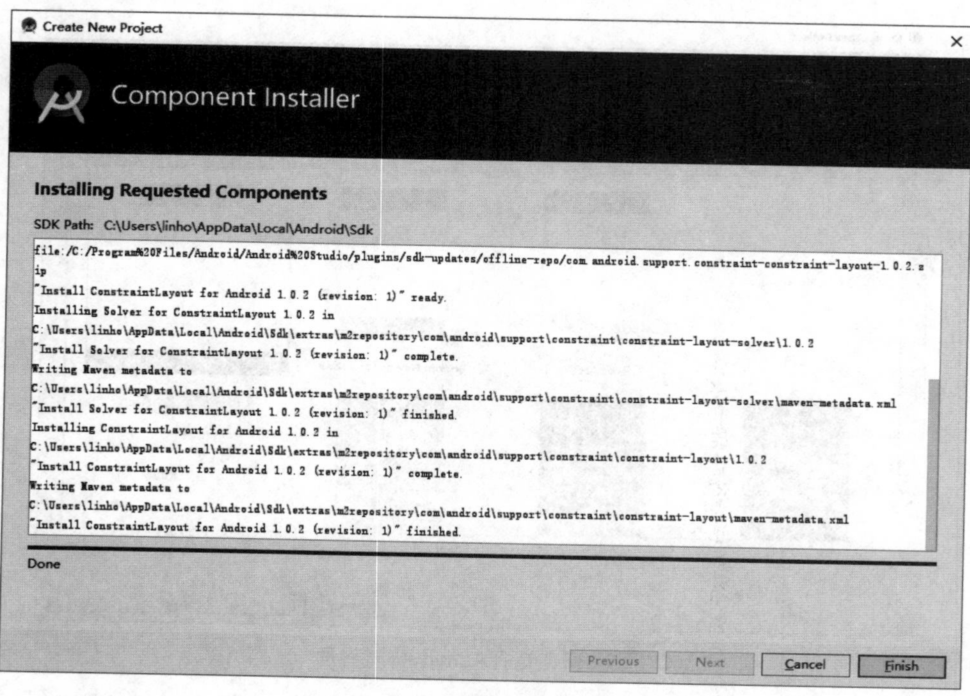

图1-20　组件安装界面

7）创建完Android项目后会进入Android Studio工作界面，在此界面可能会下载项目所需的gradle构建工具，只需要等待下载并构建项目即可，如图1-21所示。

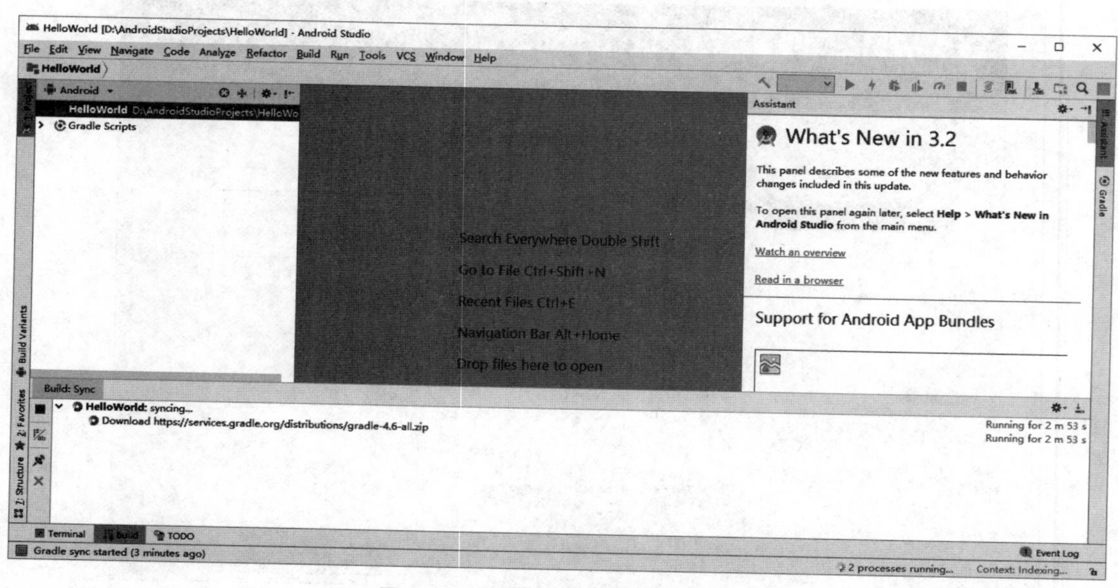

图1-21　Android Studio工作界面

如果出现Failed to find Build Tools提示，按要求单击蓝色的链接下载Build Tools revision 28.0.2即可，如图1-22所示。

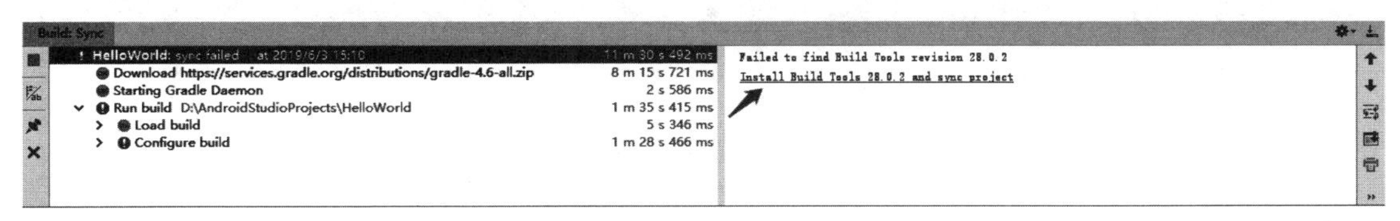

图1-22 Failed to find Build Tools提示

（2）在模拟器上运行Android项目

1）Android项目创建好后，需要一部Android设备或模拟器。这里使用模拟器来运行程序。创建模拟器，可以从Android Studio顶部工具栏中的模拟器图标进入，如图1-23所示。

图1-23 模拟器图标

2）单击“Create Virtual Device”创建模拟器，如图1-24所示。

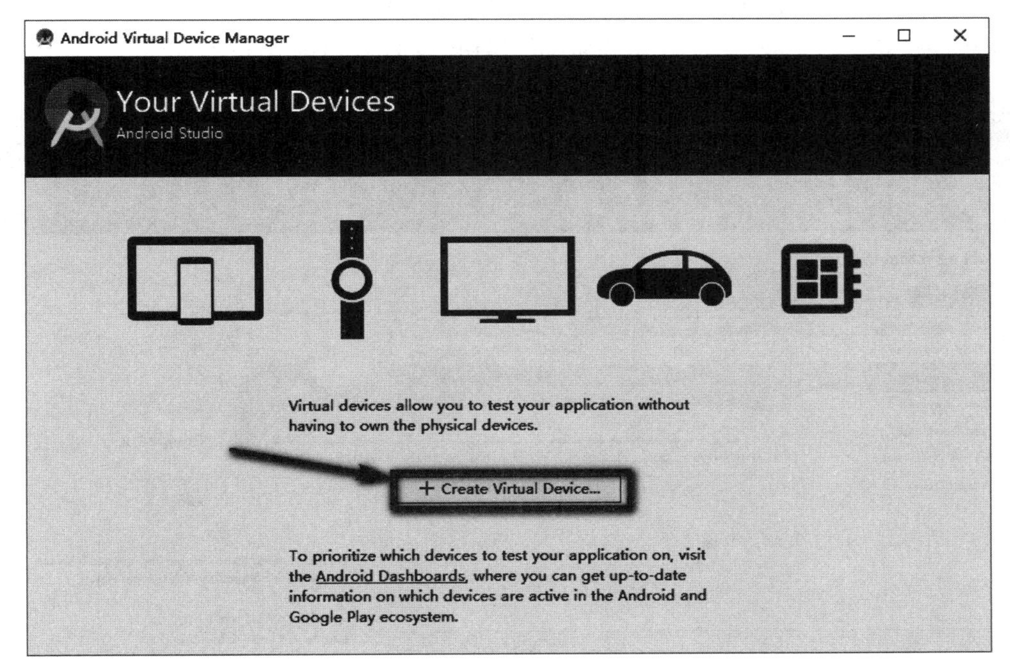

图1-24 创建模拟器

3）选择一款设备作为模拟器，这里选择“Nexus 5”手机，单击“Next”按钮，如图1-25所示。

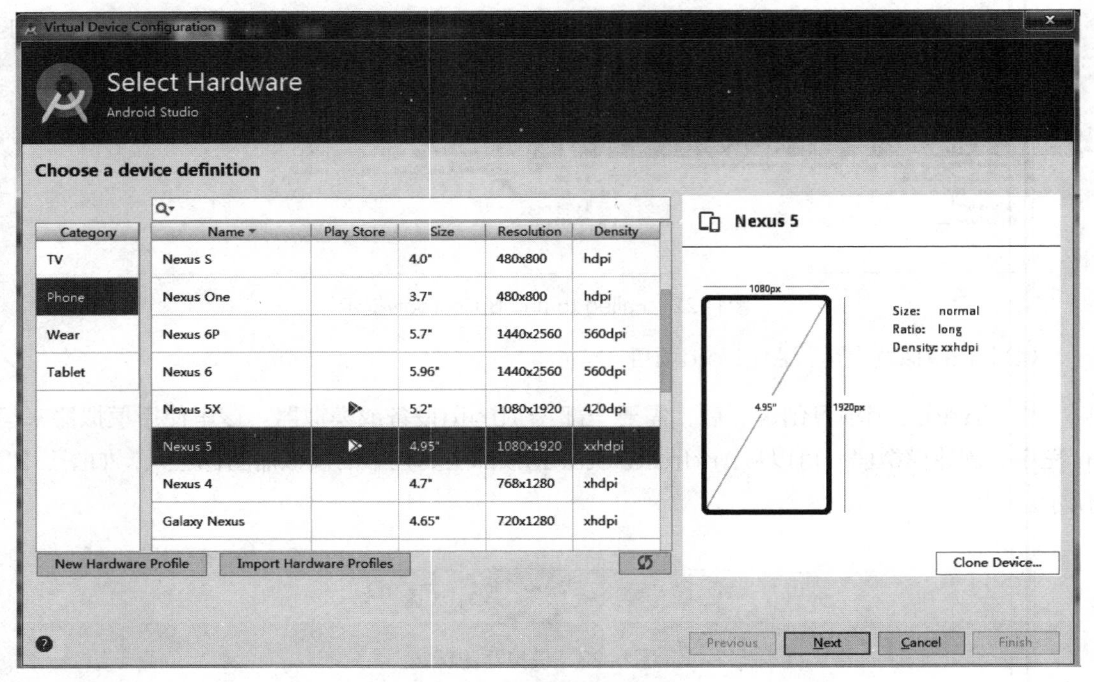

图1–25　选择模拟器机型

4）选择一个Android API作为Android的运行环境，这里选择“API 28”（如果没有下载请先下载），下载完毕后单击“Next”按钮，如图1-26和图1-27所示。

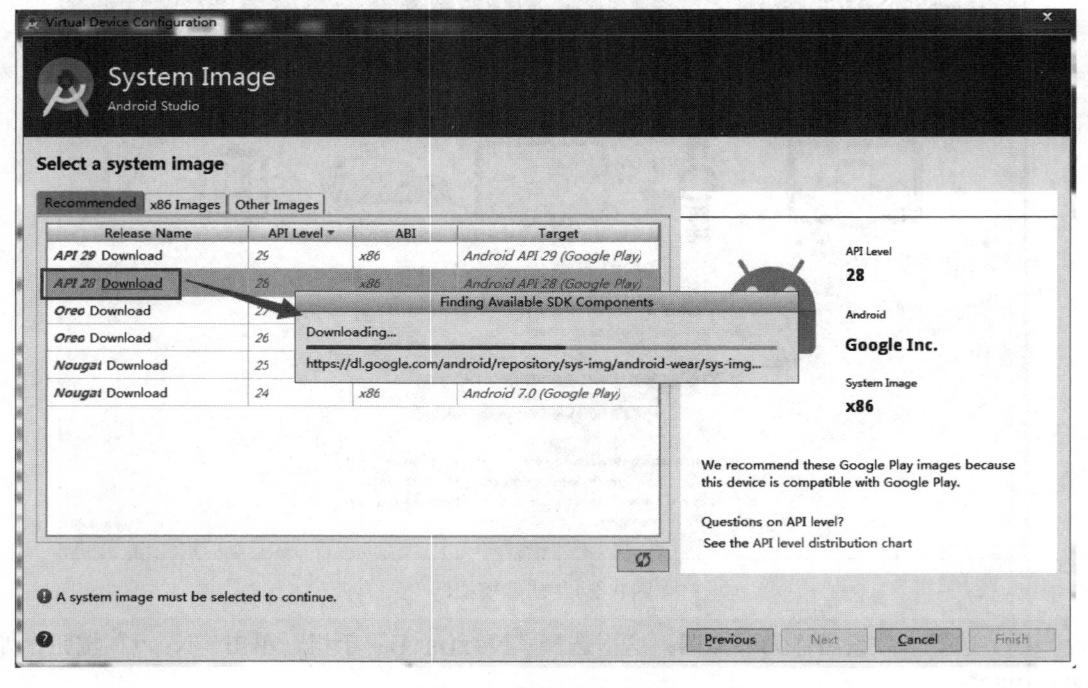

图1–26　下载对应的API

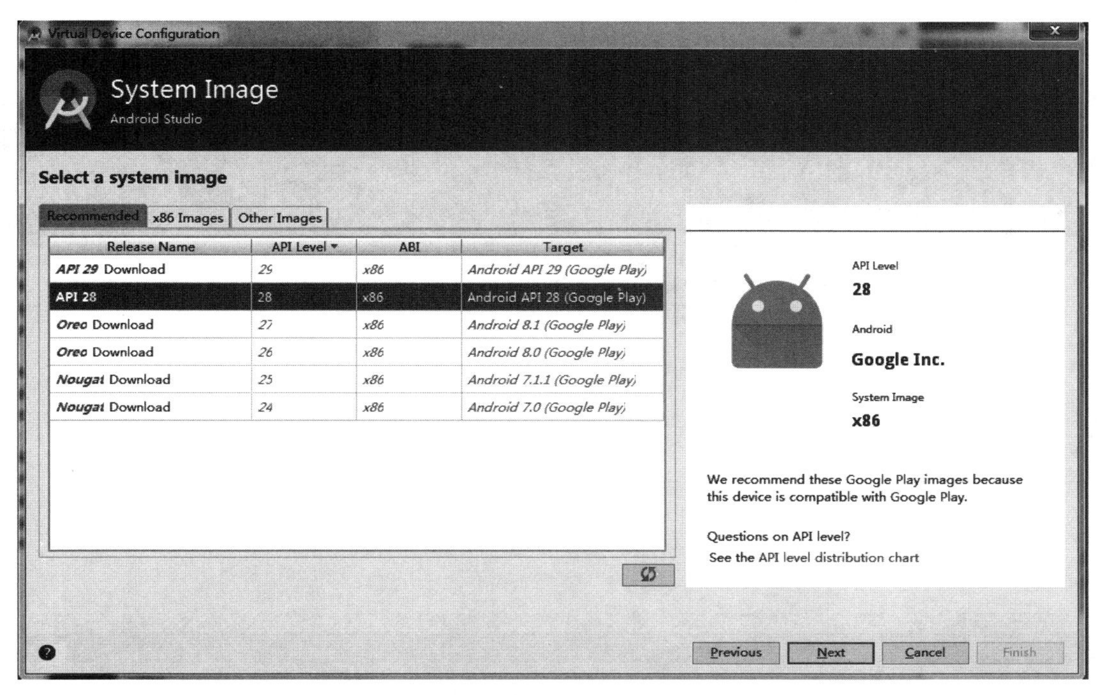

图1-27　选择模拟器API版本

5）在模拟器配置界面，可以设置模拟器名称以及修改模拟器参数，使用默认设置，单击“Finish”按钮，如图1-28所示。

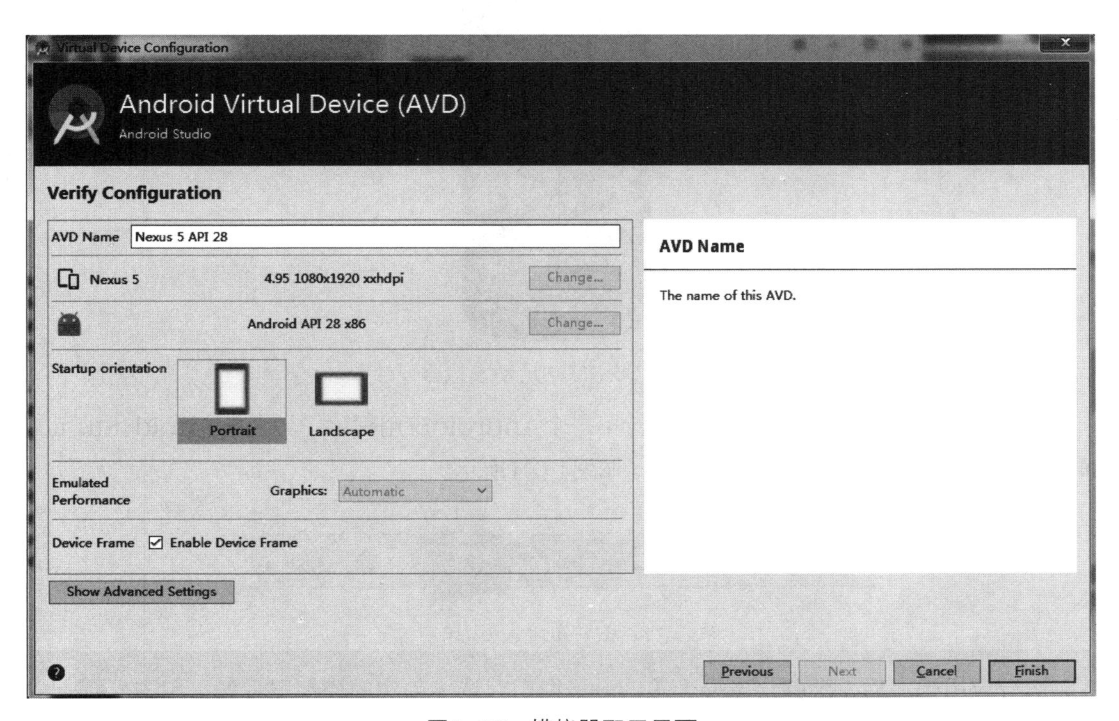

图1-28　模拟器配置界面

6）模拟器创建好后，可以单击启动按钮启动模拟器，如图1-29所示。

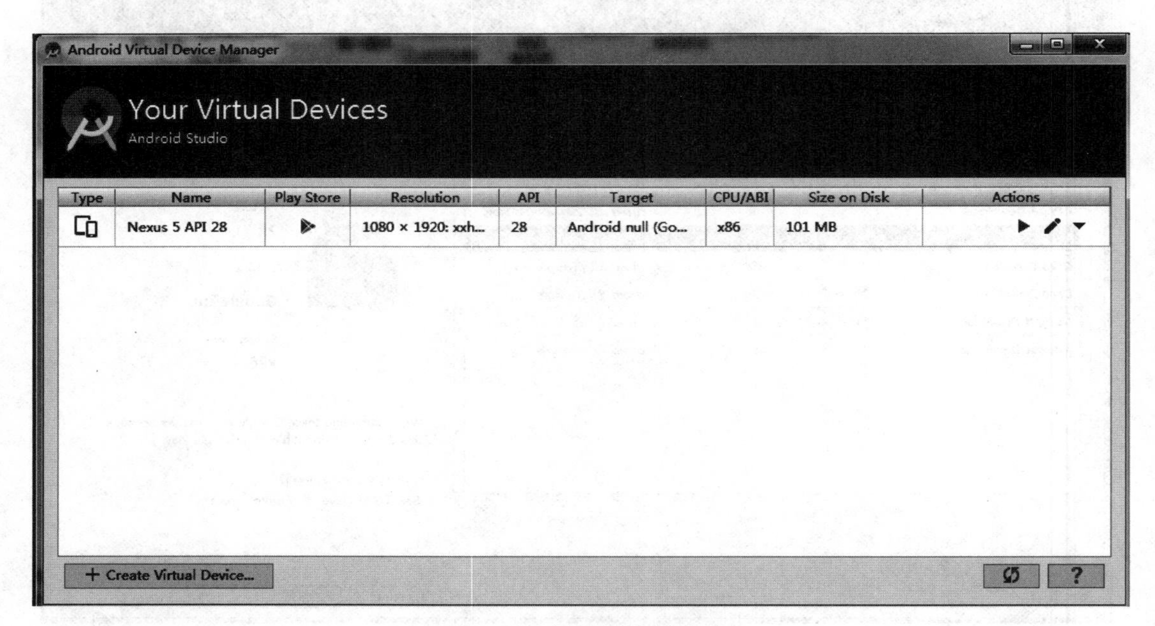

图1-29　模拟器列表界面

成功启动模拟器后，显示如图1-30所示的界面。

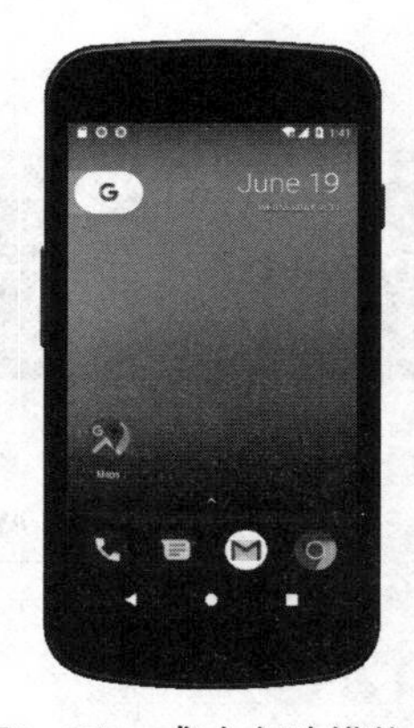

图1-30　成功启动模拟器

7）模拟器创建完成后，就可以运行第一个Android应用程序了。在Android Studio顶部工具栏单击启动按钮，运行应用程序，如图1-31所示。

图1-31　运行Android应用程序

运行应用程序后，会弹出选择连接的设备窗口，选中创建的模拟器设备，单击“OK”按钮，运行效果如图1-32所示（小提示：如果每次运行Android程序都用该设备，则可以勾选

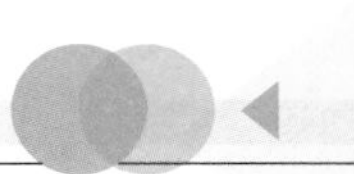

左下角的“Use same selection for future launches”）。

图1-32 运行效果

项目小结

本项目主要介绍了Android手机平台的一些基础知识，重点讲解如何搭建和使用Android系统平台。通过对本项目的学习可以更清楚地了解安卓开发的基本概念，掌握安卓的特点、Android Studio项目的创建和运行的基本流程，提高对安卓开发的认知度。

Project 2

项目2 智慧城市界面的实现

学习目标

Android的用户界面（UI）设计是Android开发的基础，同时也是项目开发第一步需要完成的任务。Android中提供了多种界面设计的方法和丰富的界面组件，通过这些组件的学习，可以开发出各类用户体验界面，满足项目需求。本项目以各组件学习为基础，进行智慧城市界面的设计及开发。

本项目的学习要点如下：

- 掌握使用XML布局文件控制UI界面。
- 掌握使用布局管理器进行界面的布局。
- 掌握Android中的基本组件和高级组件的应用。

项目目标（见图2-1）

- 界面开发设计
  - 环境状态值范围设置界面开发
    - TextView的使用方法
    - EditText的使用方法
    - Button控件的使用方法
  - 购物信息的存储界面开发
    - TableLayout布局的使用
    - Spinner控件的使用
  - 火焰监控界面开发
    - ImageView控件的使用
  - 摄像头监控界面开发
    - LinearLayout布局的使用
    - WebView控件的使用
  - 用户注册界面开发
    - RelativeLayout布局的使用
    - RadioButton和RadioGroup控件的使用
    - CheckBox控件的使用
  - 查询购物信息界面开发
    - ListView控件的使用
  - 智慧城市主界面开发
    - GridView控件的使用
  - 农业大棚环境监控界面开发

图2-1

任务1　环境状态值范围设置界面开发

环境状态值范围设置模块可以实现用户手动输入温度上限值、温度下限值、湿度临界值、光照强度临界值、CO临界值，可以保存到本地缓存或者重置。本任务主要完成对话框的界面设计和布局。

任务目标

1．掌握TextView的使用方法

2．掌握EditText的使用方法

3．掌握Button控件的使用方法

扫码观看本任务操作视频

知识准备

1．TextView（文本框）的使用方法

在Android开发中，TextView是最常用的组件之一，其主要用于静态显示。它不仅可以用于显示单行文本，还可以用于显示多行文本以及带图片的文本。

在Android中，可以通过向XML布局文件中拖动一个文本框控件的方式来添加一个文本框，其对应的语法格式如下：

```
文本的
<TextView
    属性列表
>
</ TextView >
```

TextView的XML属性列表见表2-1。

表2-1　TextView的XML属性列表

XML属性	说明
android:id	设置该TextView的id值
android:autoLink	是否将指定格式的文本转换为可单击的超链接形式，其属性值包括none、web、email、phone、map和all
android:gravity	设置文本框内文本的对齐方式
android:singleLine	设置单行显示。如果和layout_width一起使用，则当文本不能全部显示时，后面用“…”来表示
android:text	设置显示文本

（续）

XML属性	说明
android:textColor	设置文本颜色
android:textSize	设置文字大小
android:textStyle	设置字形[bold（粗体） 0，italic（斜体） 1，bolditalic（粗斜体） 2]可以设置一个或多个，用“|”隔开
android:height	设置文本区域的高度
android:wight	设置文本区域的宽度
android:drawableBottom	在text的下方输出一个drawable。如果指定一个颜色，则会把text的背景设为该颜色，并且同时与background使用时覆盖后者
android:drawableLeft	在text的左边输出一个drawable
android:ems	设置TextView的宽度为N个字符的宽度

2．EditText（文本编辑框）的使用方法

EditText是接收用户输入信息的重要控件，用于在屏幕上显示文本输入框。这里需要强调的是，文本编辑框既支持单行文本的输入，也支持多行文本的输入，同时支持指定格式文本的输入（如密码、电话、E-mail等）。

在Android中，可以通过向XML布局文件中拖动一个文本编辑框控件的方式来添加一个EditText控件，其对应的语法格式如下：

```
<EditText
    属性列表
>
</ EditText >
```

EditText常见的XML属性列表见表2-2。

表2-2　EditText常见的XML属性列表

XML属性	说明
android:hint	为空时显示文字提示信息，可通过textColorHint设置提示信息的颜色
android:inputType	用于指定当前文本框显示内容的文本类型，其可选值有textPassword、textEmailAddress、phone和date等；并可以同时指定多个，使用“|”分隔
android:password	以“.”显示文本

3．Button控件的使用方法

在Android中，Button按钮组件用于在UI界面中生成一个可以单击的按钮。当用户单击该按钮时，即可触发一个onClick事件，通过添加它的单击事件监听器触发相应的动作。该控件在XML文件下对应的语法结构如下：

```
<Button
    属性列表
>
</ Button >
```

在布局文件中添加了Button按钮后，添加其对应的单击事件监听器的代码如下：

```
import android.view.View.OnClickListener;
import android.widget.Button;
Button login=(Button) findViewById(R.id.button1);
        login.setOnClickListener(new OnClickListener() {
            @Override
            public void onClick(View v) {
                // 编写要执行的动作代码
            }
        });
```

任务实现

创建一个名为AndroidDemo1的Android项目，实现环境状态值范围设置界面的开发。

1）修改res/layout目录下的布局文件，首先添加一个垂直的线性布局管理器，宽度适应屏幕，高度自适应，其具体代码如下：

```
<LinearLayout xmlns:android="http://schemas.android.com/apk/res/android"
  android:layout_width="fill_parent"
  android:layout_height="wrap_content"
  android:orientation="vertical" >        //定义所有组件垂直摆放
</LinearLayout>
```

2）在已建好的垂直布局管理器中嵌套添加一个水平的线性布局管理器，设置其高度为48dip、背景颜色为titleColor，其具体代码如下：

```
<LinearLayout xmlns:android="http://schemas.android.com/apk/res/android"
  android:layout_width="fill_parent"
  android:layout_height="wrap_content"
  android:orientation="vertical" >        //定义所有组件垂直摆放
<LinearLayout
      android:layout_width="match_parent"
      android:layout_height="48dip"    //定义水平布局高度为48dip
      android:background="@color/titleColor" //定义背景颜色为深灰色
      android:gravity="center"      //定义内部控件为居中显示模式
      android:orientation="horizontal">
</LinearLayout>
</LinearLayout>
```

3）由于在Android中使用某些特殊资源时，必须新建对应的资源文件，因此在使用了颜色资源titleColor时，就需要新建颜色资源。在res/values下新建colors.xml文件，代码如下：

```
<?xml version="1.0" encoding="utf-8"?>
<resources>
<color name="titleColor">#6b6b6b</color>
</resources>
```

4）在水平布局管理器中添加文本组件，并设置字体的颜色、大小及内容，其具体代码如下：

```
<LinearLayout xmlns:android="http://schemas.android.com/apk/res/android"
  android:layout_width="fill_parent"
  android:layout_height="wrap_content"
  android:orientation="vertical" >          //定义所有组件垂直摆放
   <LinearLayout
     android:layout_width="match_parent"
     android:layout_height="48dip"     //定义水平布局高度为48dip
     android:background="@color/titleColor" //定义背景颜色为深灰色
     android:gravity="center"        //定义内部控件为居中显示模式
     android:orientation="horizontal">
         <TextView
     android:id="@+id/textView1"
     android:layout_width="wrap_content"
     android:layout_height="wrap_content"
     android:textColor="@color/whitev //定义文本组件字体颜色为白色
     android:textSize="20sp"        //定义文本组件字体大小20sp
     android:text="@string/strSet" /> //定义文本组件字体内容为"设置"
   </LinearLayout>
</LinearLayout>
```

5）在colors. xml文件中添加颜色值白色，代码如下：

```
<?xml version="1.0" encoding="utf-8"?>
<resources>
    <color name="titleColor">#6b6b6b</color>
    <color name="white">#FFFFFF</color>
</resources>
```

6）在res/values下新建string. xml文件，代码如下：

```
<?xml version="1.0" encoding="utf-8"?>
<resources>
     <string name="strSet">设置</ string >
</resources>
```

7）同步骤2），继续添加一个线性布局管理器，并在其内部添加两个TextView控件和两个EditText控件。设置相应的属性，实现温度范围设置部分界面，其具体代码如下：

```
<LinearLayout
    android:layout_width="match_parent"
    android:layout_height="wrap_content" >
    android:layout_margin="5dip"  //定义组件边框留空5个dip
  <TextView
      android:id="@+id/textView2"
      android:layout_width="0.0dp"  //定义文本组件宽度为0dp
      android:layout_weight="4"     //定义文本组件宽度权重值为4
      android:gravity="center"
      android:layout_height="wrap_content"
      android:text="@string/strTemp" />
  <EditText
      android:id="@+id/editText1"
      android:layout_width="0.0dp"
      android:layout_weight="6"
      android:layout_height="wrap_content"
      android:ems="10" >          //定义编辑框最大字符数为10
  <TextView
      android:id="@+id/textView3"
      android:layout_width="0.0dp"
      android:layout_weight="4"
      android:gravity="center"
      android:layout_height="wrap_content"
android:text="@string/strOr" />
  <EditText
      android:id="@+id/editText2"
      android:layout_width="0.0dp"
      android:layout_weight="6"
      android:layout_marginRight="50dip"
      android:layout_height="wrap_content"
      android:ems="10" />
</LinearLayout>
```

提示：

文本组件设置属性中的定义宽度值有两种选项width和weight。在适应不同版本的Android中，需设置android:layout_width="0dp"，如果为竖直方向的，则设置android:layout_height="0dp"。这样子控件占用LinearLayout的比例为：本控件weight值 / LinearLayout内所有控件的weight值的和。

```
android:layout_width="0.0dp"  //定义文本组件宽度为0dp
```

```
android:layout_weight="4"      //定义文本组件宽度权重值为4
```

8）同步骤2），在已建好的垂直布局管理器中嵌套添加一个水平的线性布局管理器，制作湿度范围设置部分界面，代码如下：

```
<LinearLayout
    android:layout_width="match_parent"
    android:layout_margin="5dip"
    android:layout_height="wrap_content" >
  <TextView
      android:id="@+id/textView4"
      android:layout_width="0.0dp"
      android:layout_weight="4"
      android:gravity="center"
      android:layout_height="wrap_content"
          android:text="@string/strHumi" />
  <EditText
      android:id="@+id/editText3"
      android:layout_width="0.0dp"
      android:layout_height="wrap_content"
      android:layout_weight="6"
      android:ems="10" />
  <LinearLayout
      android:layout_weight="10"  //定义空布局权重为10
      android:layout_width="0.0dp"
      android:layout_marginRight="50dip"
      android:layout_height="wrap_content">
  </LinearLayout>
</LinearLayout>
```

提示：

android:layout_weight="10"

通过设置空布局权重为10，已定义的湿度范围文本框和编辑框占用父布局的50%。

9）同步骤2），依次制作光照强度、CO部分界面，代码如下：

```
<LinearLayout                        //光照强度界面布局
    android:layout_width="match_parent"
    android:layout_margin="5dip"
    android:layout_height="wrap_content" >
  <TextView
      android:id="@+id/textView5"
```

```
            android:layout_width="0.0dp"
            android:layout_weight="4"
            android:gravity="center"
            android:layout_height="wrap_content"
                android:text="@string/strLight" />
        <EditText
            android:id="@+id/editText4"
            android:layout_width="0.0dp"
            android:layout_height="wrap_content"
            android:layout_weight="6"
            android:ems="10" />
        <LinearLayout
            android:layout_weight="10"
            android:layout_width="0.0dp"
            android:layout_marginRight="50dip"
            android:layout_height="wrap_content">
        </LinearLayout>
    </LinearLayout>

    <LinearLayout                        //CO界面布局
        android:layout_width="match_parent"
        android:layout_margin="5dip"
        android:layout_height="wrap_content" >
        <TextView
            android:id="@+id/textView6"
            android:layout_width="0.0dp"
            android:layout_weight="4"
            android:gravity="center"
            android:layout_height="wrap_content"
                android:text="@string/strCo" />
        <EditText
            android:id="@+id/editText5"
            android:layout_width="0.0dp"
            android:layout_height="wrap_content"
            android:layout_weight="6"
            android:ems="10" />
        <LinearLayout
            android:layout_weight="10"
            android:layout_width="0.0dp"
            android:layout_marginRight="50dip"
```

```
        android:layout_height="wrap_content">
    </LinearLayout>
</LinearLayout>
```

10）同步骤2），在已建好的垂直布局管理器中嵌套添加一个水平的线性布局管理器，添加3个Button组件，并设置相应属性，代码如下：

```
<LinearLayout>
    android:layout_width="match_parent"
      android:layout_height="48dip" >
        <Button
            android:id="@+id/button1"
            android:layout_width="wrap_content"
            android:layout_height="match_parent"
            android:layout_weight="1"
            android:text="@string/strSave" />
        <Button
            android:id="@+id/button2"
            android:layout_width="wrap_content"
            android:layout_height="match_parent"
            android:layout_weight="1"
            android:text="@string/strChean" />
        <Button
            android:id="@+id/button3"
            android:layout_width="wrap_content"
            android:layout_height="match_parent"
            android:layout_weight="1"
            android:text="@string/strClose" />
            </LinearLayout>
```

11）最终项目运行效果如图2-2所示。

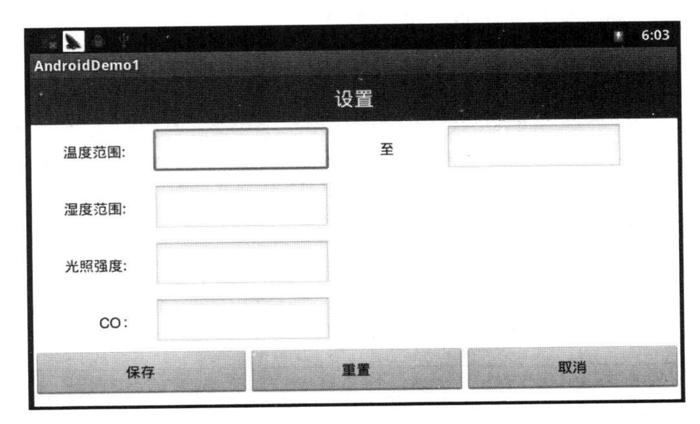

图2-2

任务2　购物信息的存储界面开发

购物信息的存储界面用于显示用户的订单号、收货人、联系电话、联系地址及总金额，并以表的形式显示商品名称、数量和单价。本任务主要完成该界面的开发。

任务目标

1．掌握TableLayout布局的使用方法

2．掌握Spinner控件的使用（用于支付方式）方法

扫码观看本任务操作视频

知识准备

1．TableLayout布局的使用

表格布局与常见的表格类似，以行列的方式来管理放入其中的组件。表格布局采用<TableLayout>标记，在其中通过添加<TableRow>标记来表示行。同时，<TableRow>也是容器，所以可以向该标记中添加其他组件，每添加一个组件，表格就会增加一列。在表格布局中，可以设置相应的属性来控制列的收缩与隐藏。

表格布局的基本语法格式如下：

```
<TableLayout xmlns:android="http://schemas.android.com/apk/res/android"
  属性列表
>
  组件列表
</TableLayout>
```

TableLayout常见的XML属性列表见表2-3。

表2-3　TableLayout常见的XML属性列表

XML属性	说明
android:collapseColumns	设置需要隐藏的列的序列号（序号从0开始），多个列序号用逗号“，”隔开
android:shrinkColumns	设置允许被收缩的列的序列号（序号从0开始），多个列序号用逗号“，”隔开
android:stretchColumns	设置允许被拉伸的列的序列号（序号从0开始），多个列序号用逗号“，”隔开

2．Spinner控件的使用（用于支付方式）

Android中提供了Spinner控件（列表选择框），使用Spinner相当于从下拉列表中选择项目。

Spinner的继承结构比较复杂，在继承树中有AdapterView，通过Adapter来为Spinner设置下拉列表项。

Spinner的重点问题就是下拉列表项的配置，通过之前对组件的了解，得知资源组件的配置有以下两种方式：一种是通过XML文件来配置，另一种是通过程序来配置。从Spinner的文档中可以看到，对它的配置需要使用Adapter类来实现。

Spinner控件（列表选择框）的基本语法格式如下：

```
<Spinner
    属性列表
>
  </Spinner>
```

Spinner常见的XML属性列表见表2-4。

表2-4　Spinner常见的XML属性列表

XML属性	说明
android:entries	为可选属性，用于指定列表项。如果在布局文件中不指定该属性，则可以在Java代码中通过为其指定适配器的方式指定
android:prompt	为可选属性，用于指定列表框的标题

任务实现

创建一个名为AndroidDemo2的Android项目，实现购物车的支付功能界面的开发。

1）修改res/layout目录下的布局文件，添加一个水平的线性布局管理器，在该布局管理器中嵌套添加一个相对布局管理器，代码如下：

```
<RelativeLayout
   android:layout_width="fill_parent"
   android:layout_height="fill_parent"
   android:layout_margin="30dp"
   android:background="@drawable/bg_frame_descend_small"
android:orientation="vertical" >
</RelativeLayout>
```

2）在其内部添加5个TextView控件，分别显示“订单号””收货人”“联系电话”“收货地址”和“总金额”等信息。具体代码如下：

```
<TextView
```

```
    android:id="@+id/textView1"
    android:layout_width="wrap_content"
    android:layout_height="wrap_content"
    android:layout_alignParentLeft="true"//与父容器的左边缘对齐
    android:layout_alignParentTop="true"//与父容器的上边缘对齐
    android:layout_marginLeft="50dp"//与左边缘的距离是50dp
    android:layout_marginTop="30dp"//与上边缘的距离是30dp
    android:text="订单号：201508260528" //显示的文本
    android:textColor="@color/white" />//文本的颜色引用资源文件中的color/white
<TextView
    android:id="@+id/textView2"
    android:layout_width="wrap_content"
    android:layout_height="wrap_content"
    android:layout_alignLeft="@+id/textView1"
    android:layout_below="@+id/textView1"
    android:layout_marginTop="8dip"
    android:text="收货人：李四"
    android:textColor="@color/white" />

<TextView
    android:id="@+id/textView3"
    android:layout_width="wrap_content"
    android:layout_height="wrap_content"
    android:layout_alignLeft="@+id/textView2"
    android:layout_below="@+id/textView2"
    android:layout_marginTop="8dip"
    android:text="联系电话：136********"
    android:textColor="@color/white" />

<TextView
    android:id="@+id/textView4"
    android:layout_width="wrap_content"
    android:layout_height="wrap_content"
    android:layout_alignLeft="@+id/textView3"
    android:layout_below="@+id/textView3"
    android:layout_marginTop="8dip"
    android:text="收获地址：XX省XX市XX县XX街道"
    android:textColor="@color/white" />
```

```
<TextView
    android:id="@+id/textView5"
    android:layout_width="wrap_content"
    android:layout_height="wrap_content"
    android:layout_alignLeft="@+id/textView4"
    android:layout_below="@+id/textView4"
    android:layout_marginTop="8dip"
    android:text="总金额：114"
    android:textColor="@color/white" />
```

3）在该相对布局管理器中再添加一个表格布局管理器和两个TableRow控件。在第一个TableRow中添加4个TextView控件，分别显示商品名称、商品数量及单价，并且在最后一个TextView中设置该控件的描边和填充属性等。其代码如下：

```
<TableLayout
        android:id="@+id/tableLayout1"
        android:layout_width="fill_parent"
        android:layout_height="wrap_content"
        android:layout_alignLeft="@+id/textView5"//与组件textView5的左边缘对齐
        android:layout_below="@+id/textView5"//在组件textView5的下方
        android:layout_centerVertical="true"  //位于垂直居中的位置
        android:layout_marginRight="50dp"
        android:layout_marginTop="8dip" >

        <TableRow            //添加一个TableRow，即增加一行
            android:id="@+id/tableRow1"
            android:layout_width="wrap_content"
            android:layout_height="wrap_content" >

            <TextView
                android:layout_width="0.0dp"
                android:layout_height="wrap_content"
                android:layout_weight="2"           //该组件的权重为2
                android:background="@drawable/shape_table"//设置TextView组件的背景图片为drawable/
                shape_table图片
                android:text="商品名称"
                android:textColor="@color/white" />

            <TextView
                android:layout_width="0.0dp"
```

```
        android:layout_height="wrap_content"
        android:layout_weight="2"
        android:background="@drawable/shape_table"
        android:text="商品数量"
        android:textColor="@color/white" />

    <TextView
        android:layout_width="0.0dp"
        android:layout_height="wrap_content"
        android:layout_weight="1"
        android:background="@drawable/shape_table"
        android:text="单价"
        android:textColor="@color/white" />

    <TextView
        android:layout_width="0.0dp"
        android:layout_height="wrap_content"
        android:layout_weight="5"
        android:background="@drawable/shape_table" />
</TableRow>
```

4）在第二个TableRow中添加4个TextView控件，用于显示“伊利畅轻牛奶”并设置其他3个组件的描边和填充属性等。其具体代码如下：

```
<TableRow
    android:id="@+id/tableRow2"
    android:layout_width="wrap_content"
    android:layout_height="wrap_content" >
    <TextView
        android:layout_width="0.0dp"
        android:layout_height="wrap_content"
        android:layout_weight="2"
        android:background="@drawable/shape_table"
        android:text="伊利畅轻牛奶"
        android:textColor="@color/white" />
    <TextView
        android:layout_width="0.0dp"
        android:layout_height="wrap_content"
        android:layout_weight="2"
        android:background="@drawable/shape_table"
```

```
            android:text="50"
            android:textColor="@color/white" />
        <TextView
            android:layout_width="0.0dp"
            android:layout_height="wrap_content"
            android:layout_weight="1"
            android:background="@drawable/shape_table"
            android:text="2"
            android:textColor="@color/white" />
        <TextView
            android:layout_width="0.0dp"
            android:layout_height="wrap_content"
            android:layout_weight="5"
            android:background="@drawable/shape_table" />
    </TableRow>
</TableLayout>
```

5）在外层的相对布局管理器中添加一个Spinner控件和一个Button按钮用于下拉列表的显示等功能。其具体代码如下：

```
<Spinner
    android:layout_height="wrap_content"
    android:layout_width="wrap_content"
    android:layout_below="@+id/tableLayout1"//该组件位于TableLayout1的下部
    android:id="@+id/spinner"
    android:layout_marginTop="10dp"//该组件距上边缘的距离为10dp
    android:layout_alignRight="@+id/tableLayout1"
    />
<Button
    android:id="@+id/button1"
    android:layout_width="30dp"   //Button组件的宽度为30dp
    android:layout_height="30dp"  //Button组件的高度为30dp
    android:layout_alignRight="@+id/tableLayout1"
    android:layout_below="@+id/spinner"
    android:layout_marginTop="10dp"
    android:background="@drawable/btn_return_normal" />
```

6）在res/values下新建一个名为spinner的xml文件，在资源文件中定义添加一个资源标签，定义string-array数组，添加item项，实际上是定义列表选择框中的内容。其具体代码如下：

```
<?xml version="1.0" encoding="utf-8"?>
<resources>
   <string-array name="mode">  //定义string-array数组
      <item>银行卡支付</item>  //定义item标记
      <item>支付宝支付</item>
      <item>财付通支付</item>
   </string-array>
</resources>
```

7）在src/MainActivity.java中实现下拉列表项内容的添加，先利用findViewById方法获取Spinner控件，并利用setPrompt方法设置提示符，再利用ArrayAdapter.createFromResource的方法加载列表信息，并设置列表样式，最后将列表选择框与适配器关联。其具体代码如下：

```
Spinner sp=(Spinner)findViewById(R.id.spinner);//获取spinner组件
     sp.setPrompt("请选择支付方式");     //设置提示符
ArrayAdapter<CharSequence> adapter=ArrayAdapter.createFromResource
                    (this,R.array.mode,android.R.layout.simple_spinner_item );
//定义数组资源，设置与之关联的数组资源和下拉列表的样式
adapter.setDropDownViewResource(android.R.layout.simple_dropdown_item_1line);
     sp.setAdapter(adapter);//与适配器相关联
```

8）界面设计呈现的效果如图2-3所示。

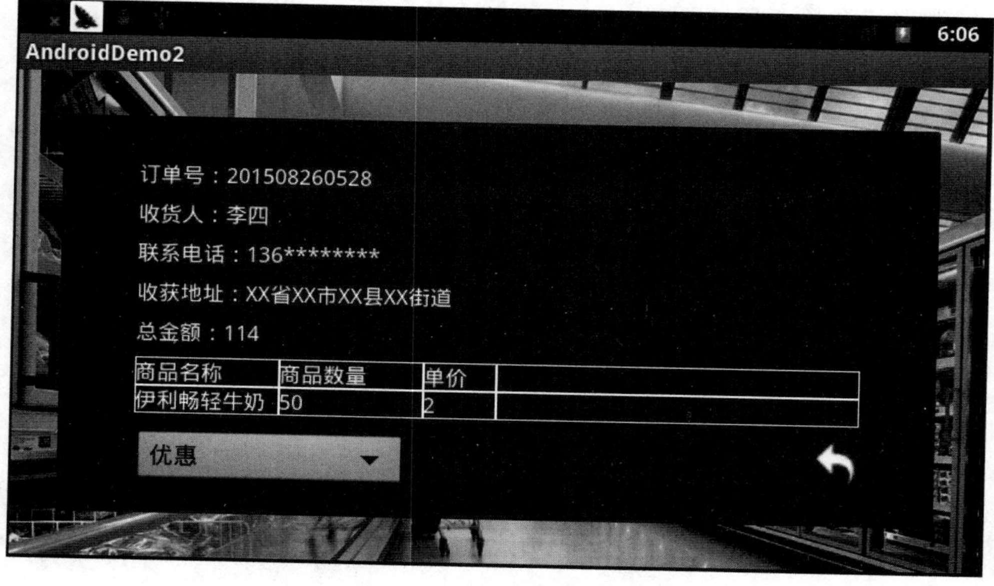

图2-3

任务3 火焰监控界面开发

火焰监控界面用于显示火焰和烟雾的当前状态是否正常，有无非法入侵，以及显示当前状态下的提示内容。本任务使用ImageView控件实现火焰监控界面的开发。

任务目标

扫码观看本任务操作视频

掌握ImageView控件的使用方法。

知识准备

ImageView控件与TextView控件的功能类似，主要区别在于显示的资源不同。ImageView主要用于显示图片资源。在向ImageView组件添加图片时，首先将要显示的图片放置在res/drawable目录中，然后添加相应的属性代码。

ImageView控件（图像视图）的基本语法格式如下：

```
<ImageView
    属性列表
>
  </ImageView>
```

ImageView常见的XML属性列表见表2-5。

表2-5　ImageView常见的XML属性列表

XML属性	说明
android:adjustViewBounds	设置ImageView是否调整自己的边界来保持所显示图片的长宽比
android:maxHeight	设置ImageView的最大高度，需要设置android：adjust ViewBounds的属性值为true，否则不起作用
android:scaleType	用于设置所显示图片的填充方式。Android提供了矩阵、拉伸等7种填充方式
android:src	设置ImageView所显示的Drawable对象的ID
android:tint	用于为图片着色，其属性值可以是“#rgb”“#argb”“#rrggbb”或“#aarrggbb”表示的颜色值

任务实现

创建一个名为AndroidDemo3的Android项目，实现火焰监控界面的开发。

1）修改res/layout目录下的布局文件，添加一个相对布局管理器，在该布局管理器中嵌套添加ImageView控件，代码如下：

```
<RelativeLayout xmlns:android="http://schemas.android.com/apk/res/android"
   android:layout_width="fill_parent"
   android:background="@drawable/bg_environment"
   android:layout_height="fill_parent" >

   <ImageView
      android:id="@+id/imageView1"
      android:layout_width="wrap_content"
      android:layout_height="wrap_content"
      android:layout_alignParentLeft="true"
      android:layout_alignParentTop="true"
      android:layout_marginLeft="30dp"
      android:layout_marginTop="30dp"
        android:src="@drawable/tab_yellow" /> //该ImageView组件下加载的图片来自drawable/tab_
yellow图片
```

2）在该相对布局管理器中，嵌套添加一个线性布局管理器。其具体代码如下：

```
<LinearLayout
      android:layout_width="match_parent"
      android:layout_height="match_parent"
android:background="@drawable/bg_frame_descend_setting"
      android:padding="30dip"
      android:layout_marginTop="30dp"
      android:layout_marginRight="30dp"
      android:layout_marginBottom="30dp"
      android:layout_toRightOf="@+id/imageView1"
      android:orientation="horizontal" >
</LinearLayout>
```

3）在该线性布局管理器中，嵌套添加两个线性布局管理器，在第一个线性布局管理器中添加3个TextView控件，用于显示火焰、烟雾及非法入侵的初始化状态（分别为正常、正常和无）。其具体代码如下：

```
<LinearLayout
```

```
android:layout_width="match_parent"
android:layout_height="match_parent"
android:background="@drawable/bg_frame_descend_setting"
android:padding="30dip"
android:layout_marginTop="30dp"
android:layout_marginRight="30dp"
android:layout_marginBottom="30dp"
android:layout_toRightOf="@+id/imageView1"
android:orientation="horizontal" >//添加水平的线性布局管理器

<LinearLayout
  android:layout_width="0.0dp"
  android:layout_height="fill_parent"
  android:layout_weight="1"
  android:gravity="center"    //设置LinearLayout中的控件
  android:orientation="vertical"
   >

<TextView
   android:id="@+id/textView1"
   android:layout_width="wrap_content"
   android:layout_height="0.0dp"
   android:layout_weight="1"
   android:gravity="center"  //设置TextView中的文字居中
   android:textColor="@color/white"
   android:text="火 焰:    正常" />
<TextView
   android:id="@+id/textView2"
   android:layout_width="wrap_content"
   android:layout_height="0.0dp"
   android:layout_weight="1"
   android:gravity="center"
   android:textColor="@color/white"
   android:text="烟  雾:    正常" />
<TextView
   android:id="@+id/textView3"
   android:layout_width="wrap_content"
   android:layout_height="0.0dp"
   android:layout_weight="1"
```

```
    android:gravity="center"
    android:textColor="@color/white"
    android:text="非法入侵：　无" />
</LinearLayout>
```

4）在下一个线性布局管理器中，添加一个ImageView控件，引入一幅火苗的图片。其具体代码如下：

```
<LinearLayout
    android:layout_width="0.0dp"
    android:layout_height="fill_parent"
    android:gravity="center"    //该组件所在位置居中显示
    android:layout_weight="1"
    >
  <ImageView
    android:id="@+id/imageView2"
    android:layout_width="wrap_content"
    android:layout_height="wrap_content"
    android:src="@drawable/fire" />
  </LinearLayout>
```

5）界面设计呈现的效果如图2-4所示。

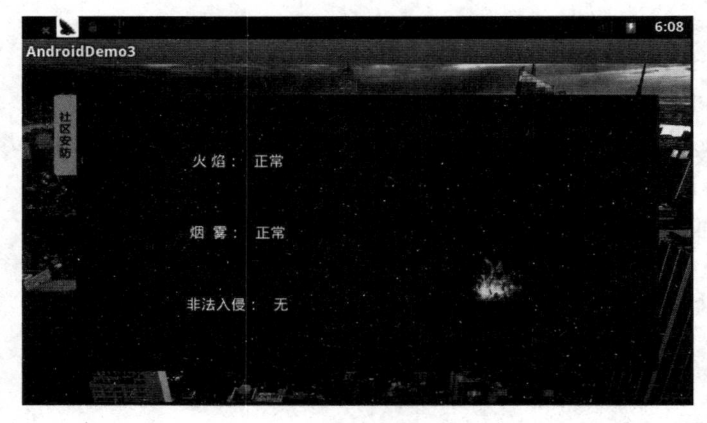

图2-4

任务4　摄像头监控界面开发

使用LinearLayout布局管理器和WebView控件，实现摄像头监控界面开发。在该界面中，可以通过上、下、左、右按钮调整摄像头的方向，Button按钮用于选择是否进行拍照。

任务目标

1．掌握LinearLayout布局管理器的使用方法

2．掌握WebView控件的使用方法

扫码观看本任务操作视频

1．LinearLayout布局的使用

LinearLayout布局（线性布局）是布局管理器中最常用的一种布局方式。对于放入其中的组件可按照垂直（vertical）或水平（horizontal）方向来布局，即控件的横向和纵向排列。Android的线性布局不会换行，当组件排列到窗体边缘时，后面的组件将不会被显示出来。

线性布局的基本语法格式如下：

```
<LinearLayout xmlns:android="http://schemas.android.com/apk/res/android"
  属性列表
>
  组件列表
</LinearLayout>
```

LinearLayout常见的XML属性列表见表2-6。

表2-6　LinearLayout常见的XML属性列表

XML属性	说明
android:orientation	设置布局管理器内组件的排列方式，其可选值为horizontal（水平排列）和vertical（垂直排列），默认值为vertical
android:gravity	设置布局管理器内组件的对齐方式，其值包括top、bottom等，这些属性值也可同时指定
android:scaleType	用于设置所显示图片的填充方式。Android提供了矩阵、拉伸等7种填充方式
android:layout_width	设置组件的基本宽度，其可选值包括fill_parent、match_parent和wrap_content
android: layout_height	设置组件的基本高度，其可选值包括fill_parent、match_parent和wrap_content
android:background	设置组件的背景，可以是背景图片，也可以是背景颜色

2．WebView控件的使用

WebView（网络视图）控件能加载显示网页，可以将其视为一个浏览器。它使用了

WebKit渲染引擎加载显示网页。

WebView控件是专门用来浏览网页的，它的使用方式与其他控件一样，可以通过在XML布局文件中添加<WebView>标记来完成。其WebView控件的基本语法格式如下：

```
<WebView
    android:id="@+id/webView1"
    android:layout_width="match_parent"
    android:layout_height="match_parent" />
```

WebView常见的XML属性列表见表2-7。

表2-7　WebView常见的XML属性列表

XML属性	说明
loadUrl(String url)	加载URL信息，URL可以是网络地址，也可以是本地网络文件
goBack()	向后浏览历史页面
goForward()	向前浏览历史页面
loadData(String data, String mimeType, String encoding)	用于将指定的字符串数据加载到浏览器中
loadDataWithBaseURL(String baseUrl, String data, String mimeType, String encoding, String historyUrl)	用于基于URL加载指定的数据
stopLoading()	用于停止加载当前页面
reload()	用于刷新当前页面

任务实现

创建一个名为AndroidDemo2_4的Android项目，实现摄像头监控界面开发。

1）修改res/layout目录下的布局文件，添加一个相对布局管理器，在该布局管理器中添加ImageView控件和线性布局管理器，其代码如下：

```
<RelativeLayout xmlns:android="http://schemas.android.com/apk/res/android"
   android:layout_width="fill_parent"
   android:background="@drawable/bg_environment"//设置背景图片
   android:layout_height="fill_parent" >

   <ImageView
      android:id="@+id/imageView1"
      android:layout_width="wrap_content"
      android:layout_height="wrap_content"
```

```
        android:layout_alignParentLeft="true"
        android:layout_alignParentTop="true"
        android:layout_marginLeft="20dp"
        android:layout_marginTop="30dp"
        android:src="@drawable/btn_monitoring_select" />
    <LinearLayout
        android:layout_width="match_parent"
        android:layout_height="match_parent"
        android:background="@drawable/bg_frame_descend_setting"
        android:padding="30dip"
        android:layout_marginTop="20dp"
        android:layout_marginRight="20dp"
        android:layout_marginBottom="20dp"
        android:layout_toRightOf="@+id/imageView1"
        android:orientation="horizontal" >
    </LinearLayout>
```

2）在内嵌的LinearLayout线性布局管理器中再添加两个线性布局管理器。其代码如下：

```
<LinearLayout
        android:layout_width="match_parent"
        android:layout_height="match_parent"
        android:background="@drawable/bg_frame_descend_setting"
                //设置背景图片
        android:padding="30dip"        //设置距边缘的距离为30dip
        android:layout_marginTop="20dp"
        android:layout_marginRight="20dp"
        android:layout_marginBottom="20dp"
        android:layout_toRightOf="@+id/imageView1"
        android:orientation="horizontal" > //设置线性布局管理器为水平的线性布局管理器
    <LinearLayout
            android:layout_width="0.0dp"
            android:layout_height="fill_parent"
            android:gravity="center"    //设置该组件居中显示
            android:layout_weight="2"  //该组件的权重为2
            >
    </LinearLayout>
```

3）在第一个线性布局管理器中添加一个<WebView>控件，其代码如下：

```
<LinearLayout
            android:layout_width="0.0dp"
            android:layout_height="fill_parent"
            android:gravity="center"
            android:layout_weight="2"
>
    <WebView
    android:id="@+id/webView1" // 设置WebView组件的ID
    android:layout_width="match_parent"//自动调整该组件的宽度
    android:layout_height="match_parent" />//自动调整该组件的高度
    </LinearLayout>
```

4）在第二个线性布局管理器中，添加一个相对布局管理器，同时在该相对布局管理器中添加4个ImageView控件，用来控制摄像头的方向（上、下、左、右），其代码如下：

```
<LinearLayout
            android:layout_width="0.0dp"
            android:layout_height="fill_parent"
            android:gravity="center"
            android:layout_weight="1"
            android:orientation="vertical"
            >
    <RelativeLayout
            android:layout_width="150dp"
            android:layout_height="150dp"
            android:background="@drawable/btn_direction_bg" >
            //第一个ImageView组件显示向左旋转摄像头的图片
            <ImageView
                    android:id="@+id/imageView2"
                    android:layout_width="32dp"
                    android:layout_height="32dp"
                    android:layout_alignParentLeft="true"
                    android:layout_centerVertical="true"
                    android:layout_marginLeft="10dp"
                    android:src="@drawable/btn_left_press" />
                    //第二个ImageView组件显示向下旋转摄像头的图片
             <ImageView
                        android:id="@+id/imageView3"
                        android:layout_width="32dp"
                        android:layout_height="32dp"
```

```
                android:layout_alignParentBottom="true"
                android:layout_centerHorizontal="true"
                android:layout_marginBottom="10dp"
                android:src="@drawable/btn_down_press" />
     //第三个ImageView组件显示向上旋转摄像头的图片
     <ImageView
                android:id="@+id/imageView4"
                android:layout_width="32dp"
                android:layout_height="32dp"
                android:layout_alignParentTop="true"
                android:layout_centerHorizontal="true"
                android:layout_marginTop="10dp"
                android:src="@drawable/btn_up_press" />
     //第四个ImageView组件显示向右旋转摄像头的图片
     <ImageView
                android:id="@+id/imageView5"
                android:layout_width="32dp"
                android:layout_height="32dp"
                android:layout_alignParentRight="true"
                android:layout_centerVertical="true"
                android:layout_marginRight="10dp"
                android:src="@drawable/btn_right_press" />
                </RelativeLayout>
```

5）在外层的线性布局管理器中添加一个按钮，实现拍照功能。其代码如下：

```
<Button
        android:id="@+id/button1"
        android:layout_width="wrap_content"
        android:layout_height="35dp"
//为Button按钮设置背景图片
        android:background="@drawable/btn_page_hover"
        android:layout_marginTop="20dp"
        android:textColor="@color/white"
        android:text="拍  照" />
       </LinearLayout>
  </LinearLayout>
```

6）最后需要在Android. manifest. xml文件中添加权限，否则会出现web page not available错误。其代码如下：

```
<uses-permission android:name="android.permission.INTERNET" />
```

7）界面设计呈现的效果如图2-5所示。

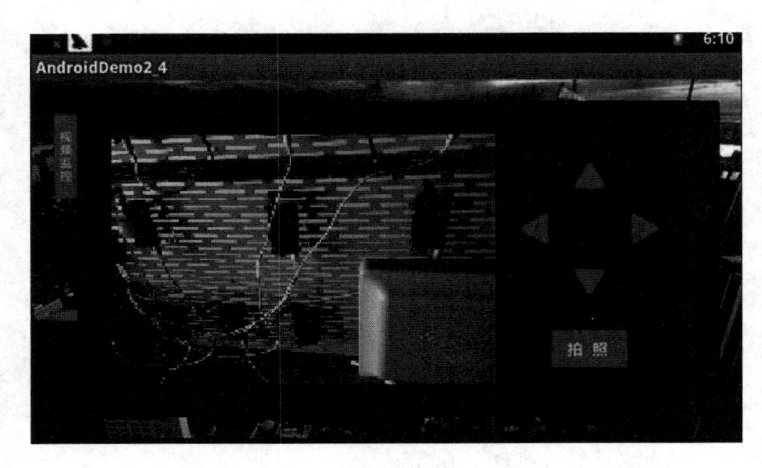

图2-5

任务5　用户注册界面开发

使用RelativeLayout布局管理器、CheckBox控件和RadioGroup控件，实现用户注册界面开发。该界面用于输入用户的注册信息，包括用户名、邮箱、密码及确认密码的输入，并进行性别的选择，进行是否显示密码和同意协议的选择，最后单击“注册”按钮，实现注册功能。

任务目标

1．掌握RelativeLayout布局的使用方法

2．掌握RadioButton和RadioGroup控件的使用方法

3．掌握CheckBox控件的使用方法

扫码观看本任务操作视频

知识准备

1．RelativeLayout布局的使用

在Android中，相对布局是指按照组件之间的相对位置进行布局，这种方式允许子元素指定它们相对于其他元素或父元素的位置（通过ID指定）。

在开发中，可以在XML布局文件中定义相对布局管理器，其基本语法如下：

```
<RelativeLayout xmlns:android="http://schemas.android.com/apk/res/android"
```

```
  属性列表
>
  组件列表
</RelativeLayout>
```

RelativeLayout常见的XML属性列表见表2-8。

表2-8 RelativeLayout常见的XML属性列表

XML属性	说明
android:layout_above	其属性值为其他UI组件的id属性，用于指定该组件位于哪个组件的上方
android:layout_alignBottom	其属性值为其他UI组件的id属性，用于指定该组件与哪个组件的下边界对齐
android:layout_alignLeft	其属性值为其他UI组件的id属性，用于指定该组件与哪个组件的左边界对齐
android:layout_alignParentBottom	其属性值为boolean值，用于指定该组件是否与布局管理器底端对齐
android:layout_alignParentLeft	其属性值为boolean值，用于指定该组件是否与布局管理器左边对齐
android:layout_alignParentRight	其属性值为boolean值，用于指定该组件是否与布局管理器右边对齐
android:layout_alignParentTop	其属性值为boolean值，用于指定该组件是否与布局管理器顶端对齐
android:layout_alignRight	其属性值为其他UI组件的id属性，用于指定该组件与哪个组件的右边界对齐
android:layout_alignTop	其属性值为其他UI组件的id属性，用于指定该组件与哪个组件的上边界对齐
android:layout_below	其属性值为其他UI组件的id属性，用于指定该组件位于哪个组件的下方
android:layout_centerHorizontal	其属性值为boolean值，用于指定该组件是否位于布局管理器水平居中的位置
android:layout_centerInParent	其属性值为boolean值，用于指定该组件是否位于布局管理器的中央位置

2．RadioButton和RadioGroup控件的使用方法

在Android中，单选按钮（RadioButton）继承普通按钮。因此，它都可以直接使用普通按钮支持的各种属性和方法。

单选按钮（RadioButton）可以通过在XML布局文件中使用<RadioButton>标记添加，其基本语法格式如下：

```
<RadioButton
        属性列表
>
```

```
</RadioButton>
```

RadioButton常见的XML属性列表见表2-9。

表2-9　RadioButton常见的XML属性列表

XML属性	说明
android:checked	其属性值用于指定选中的状态，其值为true时，表示选中；其值为false时，表示取消选中，默认为false

当RadioButton组件与RadioGroup组件一起使用时，即构成一个单选按钮组。在XML布局文件中，添加RadioGroup组件的基本语法格式如下：

```
<RadioGroup
        属性列表
<!—添加多个RadioGroup组件-->
>
</RadioGroup>
```

3．CheckBox控件的使用

在Android中，复选框用CheckBox表示，而CheckBox类是Button类的子类，所以可以直接使用Button支持的各种属性。复选框可以通过在XML布局文件中使用<CheckBox>标记添加，其语法格式如下：

```
<CheckBox
        属性列表
>
</ CheckBox >
```

创建一个名为AndroidDemo2_5的Android项目，实现用户注册界面开发。

1）修改res/layout目录下的布局文件，添加一个相对布局管理器。在该布局管理器中嵌套添加一个线性布局管理器。其代码如下：

```
<RelativeLayout xmlns:android="http://schemas.android.com/apk/res/android"
    android:layout_width="fill_parent"
    android:layout_height="fill_parent"
    android:background="@drawable/bg_environment" >
```

```
<LinearLayout
    android:layout_width="match_parent"
    android:layout_height="match_parent"
    android:layout_margin="30dp"
    android:background="@drawable/bg_frame_descend_setting"
    android:gravity="center_horizontal"
    android:orientation="vertical"
    android:padding="15dip" >
</LinearLayout>
</RelativeLayout>
```

2）在其内部添加4个线性布局管理器，在第一个线性布局管理器中添加一个TextView控件和一个EditText控件，实现用户名的输入。其代码如下：

```
<LinearLayout
    android:layout_width="match_parent"
    android:layout_height="wrap_content"
    android:layout_marginLeft="50dp"
    android:layout_marginRight="50dp" >
    <TextView
        android:id="@+id/textView1"
        android:layout_width="0.0dp"
        android:layout_height="wrap_content"
        android:gravity="right"
        android:layout_weight="2"
        android:text="账号：" //显示账号
        android:textColor="@color/white" />
    <EditText    //用于账号的输入
        android:id="@+id/editText1"
        android:layout_width="0.0dp"
        android:layout_weight="8"
        android:layout_height="wrap_content"
        android:ems="10" >
        <requestFocus />
    </EditText>
</LinearLayout>
```

3）在第二个线性布局管理器中添加一个TextView控件和一个EditText控件，用于密码的输入，并添加一个CheckBox，决定是否显示密码。其代码如下：

```
<LinearLayout
```

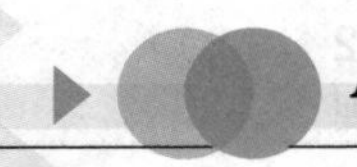


```
    android:layout_width="match_parent"
    android:layout_height="wrap_content"
    android:layout_marginLeft="50dp"
    android:layout_marginRight="50dp"
    android:layout_marginTop="20dp">

    <TextView
      android:id="@+id/textView1"
      android:layout_width="0.0dp"
      android:layout_weight="2"
      android:layout_height="wrap_content"
      android:gravity="right"
      android:text="密码: "//显示文本:密码
      android:textColor="@color/white" />

    <EditText  //用于密码的输入
      android:id="@+id/editText1"
      android:layout_height="wrap_content"
      android:layout_width="0.0dp"
      android:layout_weight="5"
      android:ems="10" >

    </EditText>
    //该复选框用于是否显示密码的勾选
    <CheckBox
      android:id="@+id/checkBox1"
      android:layout_width="0.0dp"
      android:layout_height="wrap_content"
      android:layout_weight="3"
      android:textColor="@color/white"
      android:text="显示密码" />

  </LinearLayout>
```

4）在第三个线性布局管理器中添加一个TextView控件和一个EditText控件，用于确认密码的输入。其代码如下：

```
<LinearLayout
    android:layout_width="match_parent"
    android:layout_height="wrap_content"
    android:layout_marginLeft="50dp"
    android:layout_marginRight="50dp"
```

```
        android:layout_marginTop="20dp" >

        <TextView
            android:id="@+id/textView1"
            android:layout_width="0.0dp"
            android:layout_weight="2"
            android:layout_height="wrap_content"
            android:gravity="right"
            android:text="确认密码："//用于显示文本：确认密码
            android:textColor="@color/white" />
        //用于确认密码的输入
        <EditText
            android:id="@+id/editText1"
            android:layout_height="wrap_content"
            android:layout_width="0.0dp"
            android:layout_weight="8"
            android:ems="10" >

        </EditText>
    </LinearLayout>
```

5）在第四个线性布局管理器中添加一个RadioGroup控件，在RadioGroup控件中添加两个RadioButton按钮，用于性别的选择。其代码如下：

```
<LinearLayout
        android:layout_width="match_parent"
        android:layout_height="wrap_content"
        android:layout_marginLeft="50dp"
        android:layout_marginTop="20dp"
        android:layout_marginRight="50dp" >
// RadioGroup与RadioButton组件配合使用
        <RadioGroup
            android:id="@+id/radioGroup1"
            android:orientation="horizontal"
            android:gravity="right"
            android:layout_width="match_parent"
            android:layout_height="wrap_content" >

            <RadioButton
                android:id="@+id/radio0"
                android:layout_width="wrap_content"
                android:layout_height="wrap_content"
```

```
            android:checked="true"//默认选项为男
            android:textColor="@color/white"
            android:layout_marginRight="40dp"
            android:text="男" />

          <RadioButton
            android:id="@+id/radio1"
            android:layout_width="wrap_content"
            android:layout_height="wrap_content"
            android:textColor="@color/white"
            android:text="女" />

        </RadioGroup>

      </LinearLayout>
```

6）在外层的线性布局管理器中添加一个CheckBox控件（用于同意注册协议的选择）和一个Button按钮，单击按钮，实现注册功能。其代码如下：

```
<CheckBox
        android:layout_height="wrap_content"
        android:layout_width="wrap_content"
        android:text="同意  注册协议"
        android:textColor="@color/white"
        android:layout_gravity="right"
        android:layout_marginRight="45dp"
        android:layout_marginTop="20dp"
        />
      <Button
        android:layout_height="30dp"
        android:layout_width="130dp"
        android:text="注册"
        android:textColor="@color/white"

       android:background="@android:color/holo_orange_dark"
       android:layout_gravity="right"
       android:layout_marginRight="45dp"
       android:layout_marginTop="10dp"
        />
```

```
    </LinearLayout>

</RelativeLayout>
```

7）界面设计呈现的效果如图2-6所示。

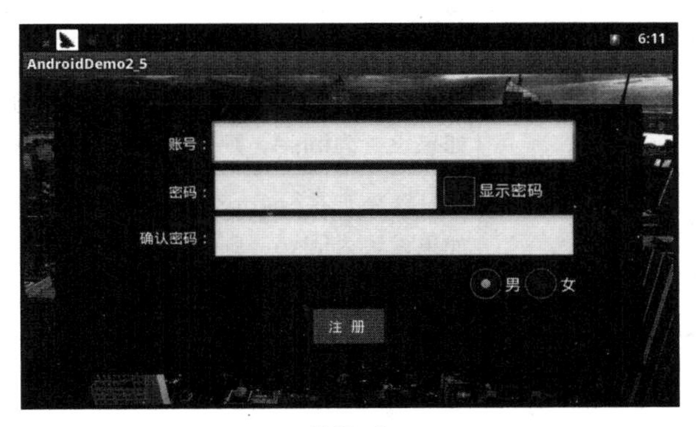

图2-6

任务6 查询购物信息界面开发

使用ListView控件实现查询购物信息界面开发。在该界面中输入订单号及购物的起止时间，单击“查询”按钮后，符合条件的信息将显示在列表中。列表中的信息包括订单号、金额、状态、添加时间及操作列表项。

任务目标

扫码观看本任务操作视频

掌握ListView控件的使用方法。

知识准备

在Android中，ListView控件是一种常用的视图组件。它以垂直列表的形式显示信息，可以直接使用ListView组件进行创建，其基本语法格式如下：

```
< ListView
    属性列表
>
</ ListView >
```

ListView常见的XML属性列表见表2-10。

表2-10　ListView常见的XML属性列表

XML属性	说明
android:divider	设置分隔条，既可以用颜色分隔，也可以用drawable资源分隔
android:dividerHeight	设置分隔条的高度
android:footerDividersEnabled	设置是否在footer View之前绘制分隔条，默认值为true。如果设置为false，则表示不绘制分隔条
android:headerDividersEnabled	设置是否在header View之后绘制分隔条，默认值为true。如果设置为false，则表示不绘制分隔条
android:entries	通过数组资源为ListView指定列表项

任务实现

创建一个名为AndroidDemo2_6的Android项目，实现查询购物信息界面开发。

1）修改res/layout目录下的布局文件，添加一个相对布局管理器。在该布局管理器中添加一个ImageView控件，并显示“查询”按钮。其代码如下：

```
<RelativeLayout xmlns:android="http://schemas.android.com/apk/res/android"
  android:layout_width="fill_parent"
  android:layout_height="fill_parent"
  android:background="@drawable/bg_environment" >
    //显示查询图片
  <ImageView
    android:id="@+id/imageView1"
    android:layout_width="wrap_content"
    android:layout_height="wrap_content"
    android:layout_alignParentLeft="true"
    android:layout_alignParentTop="true"
    android:layout_marginLeft="20dp"
    android:layout_marginTop="20dp"
    android:src="@drawable/btn_inventory_select" />
```

2）在相对布局管理器中添加一个线性布局管理器，并嵌套添加两个线性布局管理器，在第一个线性布局管理器中添加一个TextView控件和一个EditText控件，用于订单号的添加；再添加一个TextView控件和一个Button按钮，设定起始时间为“2015-08-01”；用同样的方法再添加一个TextView控件和一个Button按钮，设定结束时间为“2015-08-14”；最后添加一个Button按钮显示为“查询”。其代码如下：

```
<LinearLayout
```

```
android:layout_width="match_parent"
android:layout_height="wrap_content"
android:gravity="center_vertical" >
    //显示文本"订单号"
<TextView
  android:id="@+id/textView1"
  android:layout_width="wrap_content"
  android:layout_height="wrap_content"
  android:text="订单号："
  android:textColor="@color/white" />

<EditText
  android:id="@+id/editText1"
  android:layout_width="80dp"
  android:layout_height="24dip"
  android:background="@drawable/input"
  android:padding="2dp"  //距边缘的距离是2dp
  android:singleLine="false"//文本可多行显示
  android:textColor="@color/white" >

  <requestFocus />
</EditText>
    //显示文本"起始时间"
<TextView
  android:layout_width="wrap_content"
  android:layout_height="wrap_content"
  android:text="起始时间："
  android:textColor="#ffffff" />
    //显示文本"2015-08-01"
<Button
  android:id="@+id/btnStartTime"
  android:layout_width="100dip"
  android:layout_height="24dip"
  android:background="@drawable/input"
  android:gravity="center"
  android:text="2015-08-01"
  android:textColor="#ffffff" />
    //显示文本 "结束时间"
<TextView
  android:layout_width="wrap_content"
  android:layout_height="wrap_content"
```

```
        android:text="结束时间："
        android:textColor="#ffffff" />//文本颜色设置为白色
         //显示文本 "2015-08-14"
    <Button
        android:id="@+id/btnEndTime"
        android:layout_width="100dip"
        android:layout_height="24dip"
        android:background="@drawable/input"
        android:gravity="center"
        android:text="2015-08-14"
        android:textColor="#ffffff" />
  //设置Button按钮，单击该按钮实现查询功能
    <Button
        android:id="@+id/btnSearch"
        android:layout_width="wrap_content"
        android:layout_height="wrap_content"
        android:layout_marginLeft="10dp"
        android:background="@drawable/btn_search" />
</LinearLayout>
```

3）在第二个线性布局管理器中添加4组TextView控件及View控件，分别显示“订单号”“金额”“状态”和“添加时间”。View控件的功能是进行分隔条的显示。最后添加一个TextView控件，用于列标题“操作”的显示。其代码如下：

```
<LinearLayout
        android:layout_width="match_parent"
        android:layout_height="30dp"
        android:layout_marginTop="20dp"
        android:background="@drawable/input"
        android:gravity="center_vertical"
        android:orientation="horizontal" >
   //显示文本"订单号"
    <TextView
        android:id="@+id/tvNo"
        android:layout_width="0.0dp"
        android:layout_height="wrap_content"
        android:layout_weight="2"
        android:text="订单号"
        android:textColor="@color/white" />
        // View组件的功能是进行分隔条的显示
    <View
        android:layout_width="1dp" //宽度为1dp
```

```
            android:layout_height="match_parent"
            android:background="#ffffff" />//设置分隔条的背景颜色为白色
        //显示文本"金额"
        <TextView
            android:id="@+id/tvAmount"
            android:layout_width="0.0dp"
            android:layout_height="wrap_content"
            android:layout_weight="1"
            android:text="金额"
            android:textColor="@color/white" />

        <View
            android:layout_width="1dp"
            android:layout_height="match_parent"
            android:background="#ffffff" />
//显示文本"状态"
        <TextView
            android:id="@+id/tvState"
            android:layout_width="0.0dp"
            android:layout_height="wrap_content"
            android:layout_weight="1"
            android:text="状态"
            android:textColor="@color/white" />

        <View
            android:layout_width="1dp"
            android:layout_height="match_parent"
            android:background="#ffffff" />
              //显示文本"添加时间"
        <TextView
            android:id="@+id/tvTime"
            android:layout_width="0.0dp"
            android:layout_height="wrap_content"
            android:layout_weight="2"
            android:text="添加时间"
            android:textColor="@color/white" />

        <View
            android:layout_width="1dp"
            android:layout_height="match_parent"
            android:background="#ffffff" />
```

```
        //显示文本 "操作"
      <TextView
        android:id="@+id/tvOperate"
        android:layout_width="0.0dp"
        android:layout_height="wrap_content"
        android:layout_weight="2"
        android:text="操作"
        android:textColor="@color/white" />
    </LinearLayout>
```

4）在外层的LinearLayout中添加一个ListView控件，用于列表项的显示。其代码如下：

```
<ListView
        android:id="@+id/listView1"
        android:layout_width="match_parent"
        android:layout_height="wrap_content"
        android:cacheColorHint="#00000000"
        android:fadingEdgeLength="0dp" >//定义褪去边缘的长度
    </ListView>
  </LinearLayout>
</RelativeLayout>
```

5）在res/layout下新建一个XML文件，命名为items. xml。在该文件下添加一个垂直的线性布局管理器，在该布局管理器内部再添加一个线性布局管理器，并添加4组TextView控件及View控件，分别显示“订单号”“金额”“状态”和“添加时间”。View控件的功能是进行分隔条的显示。最后添加一个TextView控件，用于列标题“操作”的显示。其代码如下：

```
<?xml version="1.0" encoding="utf-8"?>
<LinearLayout xmlns:android="http://schemas.android.com/apk/res/android"
  android:layout_width="match_parent"
  android:layout_height="match_parent"
  android:orientation="vertical" >
  <LinearLayout
  android:layout_width="match_parent"
  android:layout_height="30dp"
  android:gravity="center_vertical"
  android:background="@drawable/input"
  android:orientation="horizontal" >

    <TextView
      android:id="@+id/tvNo"
```

```
    android:layout_width="0.0dp"
    android:layout_height="wrap_content"
    android:layout_weight="2"
    android:textColor="@color/white"
    android:text="订单号" />
<View
    android:layout_width="1dp"
    android:layout_height="match_parent"
    android:background="#ffffff"
    />
<TextView
    android:id="@+id/tvAmount"
    android:layout_width="0.0dp"
    android:layout_height="wrap_content"
    android:layout_weight="1"
    android:textColor="@color/white"
    android:text="金额" />

<View
    android:layout_width="1dp"
    android:layout_height="match_parent"
    android:background="#ffffff"
    />
<TextView
    android:id="@+id/tvState"
    android:layout_width="0.0dp"
    android:layout_height="wrap_content"
    android:layout_weight="1"
    android:textColor="@color/white"
    android:text="状态" />

<View
    android:layout_width="1dp"
    android:layout_height="match_parent"
    android:background="#ffffff"
    />
<TextView
    android:id="@+id/tvTime"
    android:layout_width="0.0dp"
    android:layout_height="wrap_content"
    android:layout_weight="2"
```

```
            android:textColor="@color/white"
            android:text="添加时间" />

        <View
            android:layout_width="1dp"
            android:layout_height="match_parent"
            android:background="#ffffff"
            />
        <TextView
            android:id="@+id/tvOperate"
            android:layout_width="0.0dp"
            android:layout_height="wrap_content"
            android:layout_weight="2"
            android:textColor="@color/white"
            android:text="操作" />

    </LinearLayout>
</LinearLayout>
```

6）在src下，新建一个Java类，命名为MyAdapter并继承BaseAdapter。对MyAdapter进行初始化，代码如下：

```
private Context context;
    public MyAdapter(Context context){
            this.context = context;
    }
```

7）在View类的getView方法中，进行列表项内容的添加。首先定义ViewHoller类的对象v（该类为自定义的类）；如果convertView为空，则初始化ViewHoller类的对象v。利用LayoutInflater获取res/layout下的布局文件items.xml，利用findViewById方法及convertView获取对应的列表项的条目内容，并设置对应的条目内容，代码如下：

```
public View getView(int position, View convertView, ViewGroup parent) {
//为优化listview的加载速度就要让convertView匹配列表类型，最大限度地重新使用convertView
                ViewHoller v;
                if(convertView==null){
                        v = new ViewHoller();
                        convertView = LayoutInflater.from(context).inflate(R.layout.item, null);
                        v.mTvNo = (TextView)convertView.findViewById(R.id.tvNo);
                        v.mTvAmount = (TextView)convertView.findViewById(R.id.tvAmount);
```

```
                v.mTvState = (TextView)convertView.findViewById(R.id.tvState);
                v.mTvTime = (TextView)convertView.findViewById(R.id.tvTime);
                v.mTvOperate = (TextView)convertView.findViewById(R.id.tvOperate);
                convertView.setTag(v);
}else{
                v = (ViewHoller) convertView.getTag();
            }
```

8）为对应的列表项设置文本内容，代码如下：

```
v.mTvNo.setText("201508281043");
            v.mTvAmount.setText("168");
            v.mTvState.setText("已发货");
            v.mTvTime.setText("2015-08-28 10:43");
            v.mTvOperate.setText("");
            return convertView;
    }
```

9）在MainActivity.java中，定义ListView对象和MyAdapter对象，代码如下：

```
private ListView mListView;
private MyAdapter mAdapter;
```

10）在重写的onCreate方法中，获取ListView控件及初始化mAdapter；利用setAdapter方法加载列表项，代码如下：

```
mListView = (ListView)findViewById(R.id.listView1);
    mAdapter = new MyAdapter(this);
    mListView.setAdapter(mAdapter);
```

11）界面设计呈现的效果如图2-7所示。

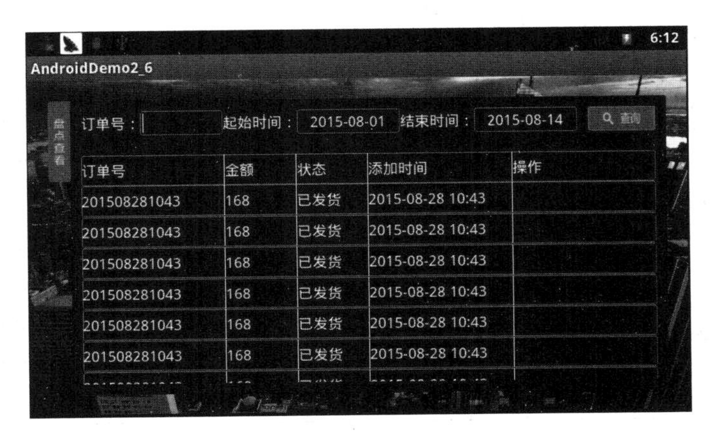

图2-7

任务7　智慧城市主界面开发

使用GridView控件实现智慧城市主界面的开发。智慧城市的主界面包含环境气象、智能商超、预警信息、智能农场等功能模块。

任务目标

扫码观看本任务操作视频

掌握GridView控件的使用方法。

知识准备

在Android中，GridView（网格视图）按照行列分布的方式来显示多个组件，通常用于显示图片或图标等。GridView控件与ListView控件类似，都需要Adapter来加载。在XML文件中，使用<GridView>标记进行添加，其基本语法格式如下：

```
< GridView
    属性列表
>
</ GridView >
```

GridView的XML属性列表见表2-11。

表2-11　GridView的XML属性列表

XML属性	说明
android:columnWidth	用于设置列的宽度
android:gravity	用于设置对齐方式
android:horizontalSpacing	用于设置各元素之间的水平间距
android:numColumns	用于设置列数，其属性值通常为大于1的值，如果只有一列，则使用ListView实现
android:stretchMode	用于设置拉伸模式，其属性值可以是none（不拉伸）、spacingWidth（仅拉伸元素之间的间距）、columnWidth（仅拉伸表格元素本身）或spacingWidthUniform（表格元素本身、元素之间的间距一起拉伸）
android:verticalSpacing	用于设置各元素之间的垂直间距

任务实现

创建一个名为AndroidDemo2_7的Android项目，实现智慧城市主界面开发。

1）修改res/layout目录下的布局文件，添加一个相对布局管理器，在该布局管理器下添加一个ImageView控件和一个GridView控件，分别用于显示图片和网格视图中的图片。其代码如下：

```
<RelativeLayout xmlns:android="http://schemas.android.com/apk/res/android"
    android:layout_width="fill_parent"
    android:layout_height="fill_parent"
    android:background="@drawable/bg_menu" >
    //添加智慧城市图标
    <ImageView
        android:id="@+id/imageView1"
        android:layout_width="wrap_content"
        android:layout_height="wrap_content"
        android:layout_alignParentLeft="true"
        android:layout_alignParentTop="true"
        android:layout_marginLeft="20dp"
        android:layout_marginTop="15dp"
        android:src="@drawable/smartcity_logo" />

    <GridView
        android:id="@+id/gridView1"
        android:layout_width="match_parent"
        android:layout_height="wrap_content"
        android:layout_marginTop="20dp"
        android:layout_marginRight="20dp"
        android:layout_marginBottom="20dp"
        android:listSelector="@android:color/transparent"
        android:layout_alignLeft="@+id/imageView1"
        android:layout_below="@+id/imageView1"
        android:numColumns="2" >  //列属性为2
    </GridView>
</RelativeLayout>
```

2）在res/layout下新建一个XML文件，命名为items. xml。在该文件下添加一个垂直的线性布局管理器，在该布局管理器下添加一个ImageView控件和一个TextView控件，分别用于显示图片和网格视图中的文字。其代码如下：

```
<?xml version="1.0" encoding="utf-8"?>
<LinearLayout xmlns:android="http://schemas.android.com/apk/res/android"
  android:id="@+id/llTitle"
  android:layout_width="match_parent"
  android:layout_height="match_parent"
  android:padding="25dp"
  android:gravity="center"
  android:orientation="vertical" >

    <ImageView
      android:id="@+id/imgTitle"
      android:layout_width="wrap_content"
      android:layout_height="wrap_content"
      />
    <TextView
      android:id="@+id/tvTitle"
      android:textColor="@color/white"
      android:layout_width="wrap_content"
      android:layout_height="wrap_content"
      />
</LinearLayout>
```

3）在src下，新建一个Java类，命名为MyAdapter并继承BaseAdapter。首先对MyAdapter进行初始化，代码如下：

```
public class MyAdapter extends BaseAdapter {
    private Context context;
    public MyAdapter(Context context) {
          super();
           this.context = context;
    }
```

4）定义3个数组，分别保存图片、颜色值及文字信息，代码如下：

```
private int[] imageId = {R.drawable.icon_weather,R.drawable.icon_shopping,R.drawable.icon_security,R.drawable.icon_agriculture};
    private int[] colorId = {R.color.main_blue0,R.color.main_orange,R.color.main_orangered,R.color.main_blue};
    private String[] stringId = {"环境气象""智能商超""预警信息""智能农场"};
```

5）在getCount()方法中返回imageId的长度，代码如下：

```
public int getCount() {
```

```
        // TODO Auto-generated method stub
         return imageId.length;
    }
```

6）在View类的getView方法中进行列表项内容的添加。首先定义ViewHoller v即ViewHoller类的对象v（该类为自定义的类）。如果convertView为空，则初始化ViewHoller类的对象v。利用LayoutInflater获取res/layout下的布局文件items.xml，利用findViewById方法及convertView获取对应的列表项的条目内容，并设置对应的条目内容，代码如下：

```
public View getView(int position, View convertView, ViewGroup parent) {
        viewHoller v = null;
        if(convertView==null){
            convertView = LayoutInflater.from(context).inflate(R.layout.item, null);
            v = new viewHoller();
            v.llTitle = (LinearLayout)convertView.findViewById(R.id.llTitle);
            v.imgTitle = (ImageView)convertView.findViewById(R.id.imgTitle);
            v.tvTitle = (TextView)convertView.findViewById(R.id.tvTitle);
            convertView.setTag(v);
        }else{
             v =  (viewHoller) convertView.getTag();
         }
        v.llTitle.setBackgroundResource(colorId[position]);
            v.imgTitle.setImageResource(imageId[position]);
            v.tvTitle.setText(stringId[position]);
        return convertView;
    }
```

7）在MainActivity.java中，定义GridView类的对象mGridView和MyAdapter类的对象mAdapter，代码如下：

```
private GridView mGridView;
private MyAdapter mAdapter;
```

8）在重写的onCreate方法中，获取GridView控件及初始化mAdapter，利用setAdapter方法加载列表项，代码如下：

```
mGridView = (GridView)findViewById(R.id.gridView1);
    mAdapter = new MyAdapter(this);
    mGridView.setAdapter(mAdapter);
```

9）界面设计呈现的效果如图2-8所示。

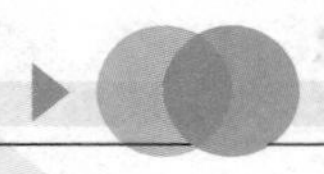

图2-8

任务8　农业大棚环境监控界面开发

通过前面的学习，进行综合项目界面的开发。

任务目标

掌握EditText、TextView、Button、Spinner等控件的使用方法及布局管理器的使用方法。

扫码观看本任务操作视频

知识准备

利用项目2中任务1～任务7所学的知识实现该任务。

任务实现

创建一个名为AndroidDemo8的Android项目，实现综合项目界面的开发。

1）修改res/layout目录下的布局文件，添加一个相对布局管理器，并加载背景图片。其代码如下：

```
<?xml version="1.0" encoding="utf-8"?>
<RelativeLayout xmlns:android="http://schemas.android.com/apk/res/android"
    android:id="@+id/pig_relative"
    android:layout_width="match_parent"
    android:layout_height="match_parent"
```

```
android:background="@drawable/vegetable_night" >
```

2）在该布局管理器下添加一个水平的线性布局管理器和一个帧布局管理器。其代码如下：

```
<LinearLayout
    android:id="@+id/logic"
    android:layout_width="wrap_content"
    android:layout_height="wrap_content"
    android:layout_marginLeft="5dp"
    android:layout_marginTop="50dp"
    android:orientation="horizontal" >
</LinearLayout>
<FrameLayout
    android:id="@+id/wsn_status"
    android:layout_width="wrap_content"
    android:layout_height="wrap_content"
    android:layout_marginLeft="480dp"
    android:layout_marginTop="85dp" >
</FrameLayout>
```

3）在水平的线性布局管理器中添加两个TextView控件，显示内容为“逻辑状态”，代码如下：

```
<LinearLayout
    android:id="@+id/logic"
    android:layout_width="wrap_content"
    android:layout_height="wrap_content"
    android:layout_marginLeft="5dp"
    android:layout_marginTop="50dp"
    android:orientation="horizontal" >

    <TextView
        style="@style/wsn_data_wsn_vegetables"
        android:layout_width="wrap_content"
        android:layout_height="wrap_content"
        android:text="逻辑状态:"
        android:textSize="13sp" />

    <TextView
        android:id="@+id/logic_tx"
        style="@style/wsn_data_wsn_vegetables"
        android:layout_width="wrap_content"
```

```
        android:layout_height="wrap_content"
        android:text=""
        android:textSize="13sp" />
</LinearLayout>
```

4）在外层的相对布局管理器中添加6个ImageView控件，分别显示3幅图片：灯光设置、暖气和风扇。其代码如下：

```
<ImageView
    android:id="@+id/setting"
    android:layout_width="60dp"
    android:layout_height="wrap_content"
    android:layout_alignParentRight="true"
    android:layout_marginRight="20dp"
    android:scaleType="center"
    android:src="@drawable/btn_lab_setting_normal" />

<ImageView
    android:id="@+id/heatinglamp"
    android:layout_width="wrap_content"
    android:layout_height="wrap_content"
    android:layout_marginLeft="164dp"
    android:layout_marginTop="53.5dp" />

<ImageView
    android:id="@+id/air_condition"
    android:layout_width="wrap_content"
    android:layout_height="wrap_content"
    android:layout_marginLeft="242.5dp"
    android:layout_marginTop="121.5dp"
    android:scaleType="fitXY" />

<ImageView
    android:id="@+id/door"
    android:layout_width="60dp"
    android:layout_height="68dp"
    android:layout_centerHorizontal="true"
    android:layout_marginTop="155dp"
    android:scaleType="fitXY"
    android:src="@drawable/dv1" />
```

```
<ImageView
    android:id="@+id/floodlight"
    android:layout_width="wrap_content"
    android:layout_height="wrap_content"
    android:layout_marginLeft="332.5dp"
    android:layout_marginTop="53.5dp" />

<ImageView
    android:id="@+id/wall_fan"
    android:layout_width="50dp"
    android:layout_height="50dp"
    android:layout_marginLeft="220dp"
    android:layout_marginTop="150dp"
    android:src="@drawable/f2" />
```

5）界面设计呈现的效果如图2-9所示。

图2-9

项目小结

本项目对Android平台下开发用户界面时使用的几种布局管理器与基本控件进行了简单的介绍，熟练掌握这些基本控件及布局管理器的使用方法就能够开发出各式各样的用户界面。

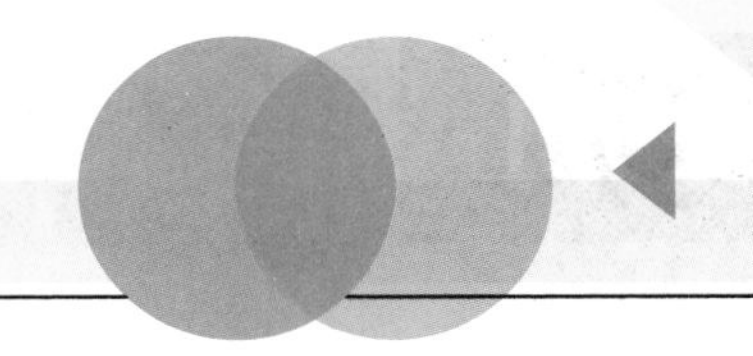

Project 3

项目 3 页面跳转的实现

学习目标

本项目主要讲解Activity的基本用法、Activity的生命周期、Activity在各种常用事件以及在多个Activity之间传递数据的方法，实现项目中不同页面的跳转。

本项目的学习要点如下：

- Activity的基本用法。
- Activity的生命周期。
- Activity之间的跳转。
- 系统Activity的调用。

项目目标（见图3-1）

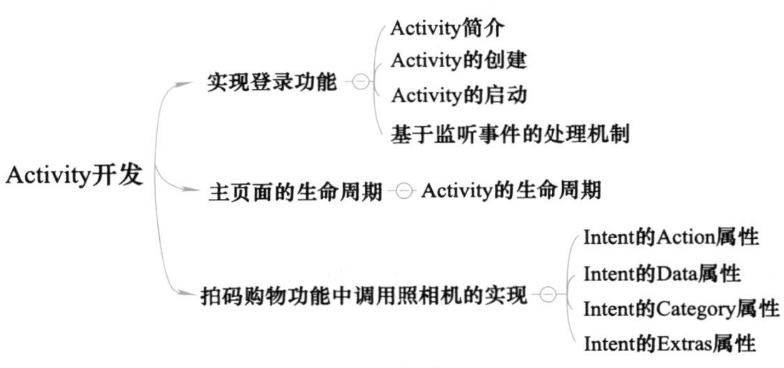

图3-1

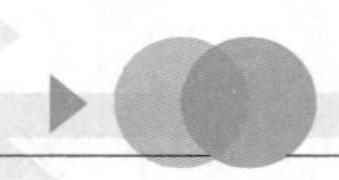

任务1　实现登录功能

本任务使用项目2中任务7的设计界面作为跳转后的界面。当用户在智慧城市登录界面单击“登录”按钮时，页面跳转到智慧城市的主界面。本任务主要完成Android中两个页面之间的跳转。

任务目标

1．掌握Activity的创建

2．掌握Activity的启动和声明

3．掌握为按钮控件添加监听事件的方法

扫码观看本任务操作视频

知识准备

1．Activity简介

Activity是Android组件中最基本也是最常用的四大组件（Activity、Service、Content Provider和Broadcast Receiver）之一。Activity中所有操作都与用户密切相关。它是一个负责与用户交互的组件，可以通过setContentView（View）来显示指定控件。在一个Android应用中，一个Activity通常就是一个单独的屏幕，它上面可以显示一些控件，也可以监听、处理用户的事件并做出响应。Activity之间通过Intent进行通信。

2．Activity的创建

创建一个Activity，必须创建一个Activity的子类，在子类中需要实现Activity状态在生命周期中切换时系统回调的函数（onCreate、onStart、onResume、onPause、onStop、onDestroy），当然并非所有的函数都需要重新实现。其中两个比较重要的函数为onCreate和onPause。

1）onCreate()：该方法必须要重写。系统调用该方法创建Activity，实现该方法是初始化创建Activity的重要步骤。其中最重要的就是调用setContentView()去定义要展现的用户界面的布局。

2）onPause()：当系统任务用户离开该界面时会调用该方法，此时并非销毁一个Activity。通常在这里要处理一些持久的、超越用户会话的变化，如数据的保存。

为了保证流畅的用户体验和处理，可以调用其他的回调函数来使Activity停止或销毁。

在onStop()方法中，一般做一些大资源或对象的释放，如网络或者数据库连接。可以在onResume()方法中，再加载所需要的资源。

创建Activity：

```
package com.example.androiddemo3-1;
import android.app.Activity;
import android.os.Bundle;

public class LoginActivity extends AppCompatActivity
{
    //必须重写的方法
     @Override
     protected void onCreate(Bundle savedInstanceState)
  {
     super.onCreate(savedInstanceState);
     setContentView(R.layout.activity_main);  //activity的布局
  }
}
```

一个Activity创建完成后，为了可以访问系统，必须要声明将它注册到应用的AndroidManifest.xml文件中：

```
<activity android:name="com.example.androiddemo3_1.MainActivity">
 </activity>
```

3．Activity的启动

通过调用startActivity（intent）启动Activity，Intent用来准确地描述要启动的Activity。

```
//定义一个Intent，指明要启动的Activity：MainActivity
Intent intent =  new Intent(MainActivity.this,MainActivity.class);
//使用startActivity(),启动Activity
startActivity(intent);
```

4．基于监听事件的处理机制

Android对监听事件的处理可以分为以下4种。

（1）内部类作为事件监听器类

内部类有以下两种：匿名内部类和不匿名内部类，其中大部分事件监听器类都使用匿名内部类。

内部类作为事件监听器类的好处如下：

① 可以在当前类中复用该监听器类。

② 可以自由访问外部类的所有界面组件。

```
b1.setOnClickListener(new OnClickListener(){
        @Override
        public void onClick(View v) {
            // TODO Auto-generated method stub
            Intent intent = new Intent(MainActivity.this,seekbar.class);
            startActivity(intent);
            //finish();
        }
    });
```

（2）外部类作为事件监听器类

外部类作为事件监听器类的缺点如下：

① 不利于提高程序的内聚性。

② 不能自由访问创建GUI界面类的组件，编程不够简洁。

```
public class sd implements OnClickListener{
  public sd(){
  }
  @Override
  public void onClick(View v) {
     // TODO Auto-generated method stub
     //定义处理
  }
```

调用外部类

```
b1.setOnClickListener(new sd());
```

（3）Activity本身作为事件监听器

可以直接在Activity中定义事件处理方法。其优点为非常简洁。其缺点如下：

① 这种形式可能造成程序结构混乱。Activity的主要职责应该是完成界面初始化，但此时还需包含事件处理器方法，从而引起混乱。

② 如果Activity界面类需要实现监听器接口，则让人感觉比较怪异。

```
public class ActivityListener extends AppCompatActivity implements OnClickListener {
  EditText show;
  Button bn;
  @Override
  protected void onCreate(Bundle savedInstanceState) {
     super.onCreate(savedInstanceState);
```

```
        setContentView(R.layout.main);
        show = (EditText)findViewById(R.id.show);
        bn = (Button)findViewById(R.id.bn);
        bn.setOnClickListener(this);
    }
    @Override
    public void onClick(View v) {
        // TODO Auto-generated method stub
        show.setText("按钮被单击了！");
    }
}
```

（4）直接绑定到标签

在布局中要发送事件源中定义的一个：

```
android: onClick="clickHandler"
```

然后在该布局对应的Activity中定义一个void clickHandler（void source）方法。

任务实现

1）新建名为“实现登录功能”的Android项目。

2）在res/layout文件夹中新建activity_login. xml文件，完成如图3-2所示的登录界面设计。

图3-2

提示：可以用一个空的LinearLayout布局把屏幕一分为二，使登录功能在页面右侧。其代码如下：

```
<LinearLayout
        android:layout_width="0.0dp"
        android:layout_height="match_parent"
        android:layout_weight="1"
        android:orientation="vertical" >
    </LinearLayout>
```

3）把项目2中任务7的页面代码复制到该项目中，实现如图2-8所示的效果。

提示：往项目中复制所需文件时，只需要选择需要的文件进行复制、粘贴即可。

4）在src文件中新建LoginActivity类，并重写onCreate()方法。其代码如下：

```
package com.example.androiddemo3_1;
import android.app.Activity;
import android.content.Intent;
import android.os.Bundle;
public class LoginActivity extends AppCompatActivity {
    @Override
    protected void onCreate(Bundle savedInstanceState) {
        // TODO Auto-generated method stub
        super.onCreate(savedInstanceState);
        setContentView(R.layout.activity_login);
        }
}
```

5）声明一个按钮控件，并通过findViewById找到布局中的界面，再强制转换成Button类型，赋值给mBtnLogin绑定控件设置按钮的单击事件。其代码如下：

```
Button mBtnLogin = (Button)findViewById(R.id.btnLogin);
        //设置Button的单击事件
        mBtnLogin.setOnClickListener(new OnClickListener() {
            @Override
            public void onClick(View v) {
                //实例化一个意图对象Intent
      Intent intent = new Intent();
      //设置意图对象跳转至哪个界面，第一个参数为本界面，第二个参数为跳转至哪个界面
      //注意 要在清单文件AndroidManifest.xml中定义声明LoginActivity
      intent.setClass(LoginActivity.this, MainActivity.class);
      //启动意图
      startActivity(intent);
            }
        });
```

6）在AndroidManifest. xml中定义声明Activity。其代码如下：

```
<activity android:name="com.example.androiddemo3_1.MainActivity">
    </activity>
```

7）界面运行效果如图3-2和图2-8所示。

通过代码可以了解Activity的跳转与为按钮添加监听事件的过程，充分理解了一个带界面的Android应用程序可以由一个或者多个Activity组成，至于这些Activity是如何工作的或者它们之间有什么依赖关系，则完全取决于应用程序的业务逻辑。每个Activity都会有一个窗口，在默认情况下，这个窗口是充满整个屏幕的，也可以将窗口变得比手机屏幕小，或者悬浮在其他窗口上面。

任务2 主页面的生命周期

本任务使用项目2中任务7的界面设计，用日志输出的方式展现Activity的各个生命周期。

任务目标

扫码观看本任务操作视频

掌握Activity的生命周期。

Activity的生命周期：在Activity从创建到销毁的过程中需要在不同的阶段调用7个生命周期。这7个生命周期的定义及调用方法如下。

1）启动Activity。系统会先调用onCreate方法，然后调用onStart方法，最后调用onResume，Activity进入运行状态。

2）当前Activity被其他Activity覆盖或被锁屏。系统会调用onPause方法，暂停当前Activity的执行。

3）当前Activity由被覆盖状态回到前台或解锁屏。系统会调用onResume方法，再次进入运行状态。

4）当前Activity转到新的Activity界面或按<Home>键回到主屏，自身退居后台。系统会先调用onPause方法，然后调用onStop方法，进入停滞状态。

5）用户后退到此Activity。系统会先调用onRestart方法，然后调用onStart方法，最后调用onResume方法，再次进入运行状态。

6）当前Activity处于被覆盖状态或者后台不可见状态，系统内存不足，删除当前Activity，而后用户退回当前Activity。再次调用onCreate方法、onStart方法、onResume方法，进入运行状态。

7）用户退出当前Activity。系统先调用onPause方法，然后调用onStop方法，最后调用onDestroy方法，结束当前Activity。

上面的7个生命周期分别在下面的4个阶段按一定的顺序进行调用。

1）开始Activity：在该阶段依次执行3个生命周期方法，分别是onCreate、onStart和onResume。

2）Activity失去焦点：如果在Activity获得焦点的情况下进入其他的Activity或应用程序，当前的Activity会失去焦点。在这一阶段会依次执行onPause和onStop方法。

3）Activity重新获得焦点：如果Activity重新获得焦点，则会依次执行3个生命周期方法，分别是onRestart、onStart和onResume。

4）关闭Activity：当Activity被关闭时系统会依次执行3个生命周期方法，分别是onPause、onStop和onDestroy。

如果在这4个阶段执行生命周期方法的过程中不发生状态的改变，则系统会按上面的描述依次执行这4个阶段中的生命周期的调用方法；如果在执行过程中改变了状态，则系统会按更复杂的方式调用生命周期。

在执行的过程中，可以改变系统的执行轨迹的生命周期的方法是onPause和onStop。如果在执行onPause方法的过程中Activity重新获得了焦点，然后又失去了焦点，则系统将不会再执行onStop方法，而是按照如下顺序执行相应的生命周期方法：onPause→onResume→onPause。

如果在执行onStop方法的过程中Activity重新获得了焦点，然后又失去焦点，则系统将不会执行onDestroy方法，而是按如下顺序执行相应的生命周期方法：onStop→onRestart→onStart→onResume→onPause→onStop。

图3-3描述了Activity从创建到销毁以及中间状态改变后调用生命周期方法的过程。

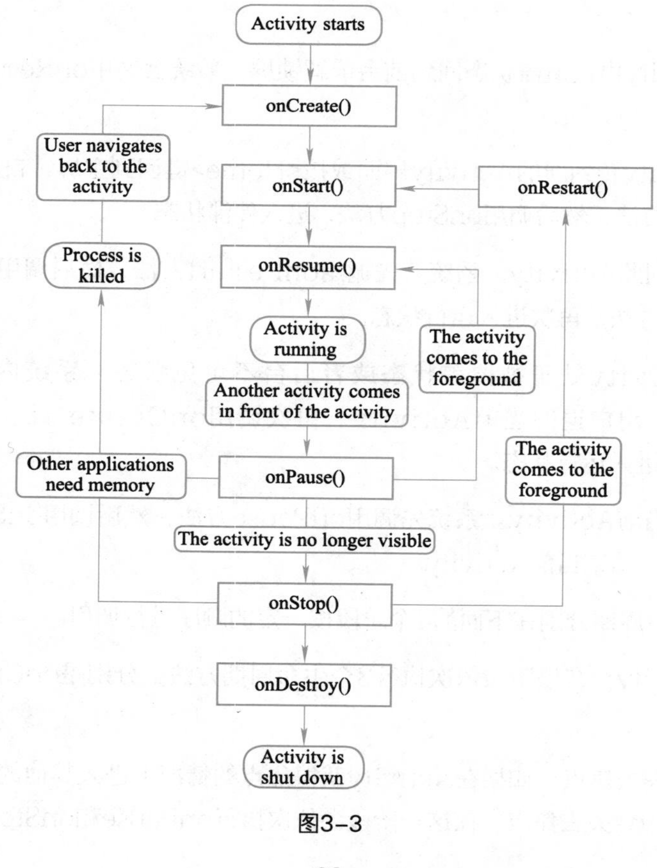

图3-3

任务实现

1）新建任务，并把项目2中任务7的界面文件复制到res/layout文件夹下的新建项目工程中。界面效果如图2-8所示。

2）修改ActivityDemo7.java，重写以上7种生命周期的调用方法，主要代码如下：

```
public class AndroidDemo7 extends AppCompatActivity {
  //Activity创建时被调用
  @Override
  public void onCreate(Bundle savedInstanceState) {
     super.onCreate(savedInstanceState);
     setContentView(R.layout.main);
     Log.e(TAG, "start onCreate~~~");
  }    //Activity创建或者从后台重新回到前台时被调用
  @Override
   protected void onStart() {
     super.onStart();
     Log.e(TAG, "start onStart~~~");
  }    //Activity从后台重新回到前台时被调用
  @Override
  protected void onRestart() {
     super.onRestart();
     Log.e(TAG, "start onRestart~~~");   }
  //Activity创建或者从后台重新回到前台时被调用
  @Override
  protected void onResume() {
     super.onResume();
      Log.e(TAG, "start onResume~~~");
  }
  //Activity被覆盖到下面或者锁屏时被调用
  @Override
  protected void onPause() {
     super.onPause();
    Log.e(TAG, "start onPause~~~");        //有可能在执行完onPause或onStop后,系统资源紧张将
Activity删除,所以有必要在此保存持久数据
  }
  //退出当前Activity或者跳转到新Activity时被调用
  @Override
  protected void onStop() {
     super.onStop();
```

```
        Log.e(TAG, "start onStop~~~");
    }
    //退出当前Activity时被调用,调用之后Activity就结束了
    @Override
    protected void onDestroy() {
        super.onDestroy();
        Log.e(TAG, "start onDestroy~~~");
    }
```

3）运行上述项目工程，效果图如图2-8所示。

单击Android Studio底部工具栏Android Monitor中的“Logcat”，如图3-4所示。将日志等级调整为“Error”，如图3-5所示。在Logcat中，就可以看到相应信息了。

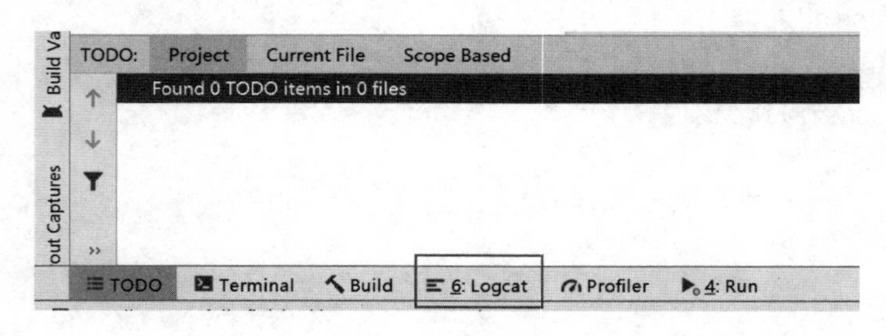

图3-4

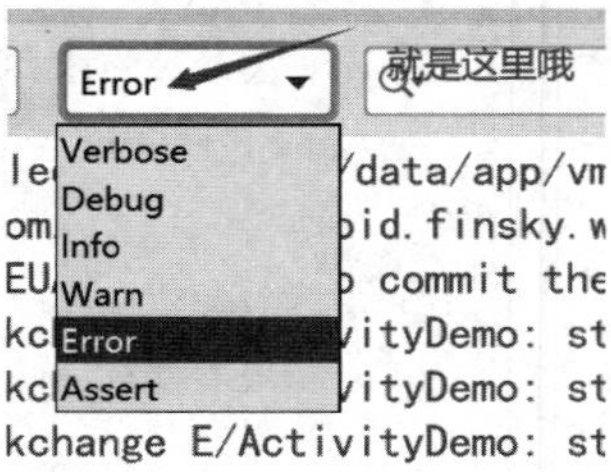

图3-5

提示：

Android.Util.Log常用的方法有以下5个：Log.v() Log.d() Log.i() Log.w()和Log.e()。根据字母的不同分别对应Verbose、Debug、Info、Warn、Error。

① Log.v的调试颜色为黑色的，任何消息都会输出，这里的v即Verbose，平时使用的就是Log.v("","");

② Log.d的输出颜色是蓝色的，仅输出调试的意思，但它会输出上层的信息，过滤起来可以通过Logcat标签来选择。

③ Log.i的输出颜色为绿色，一般提示性的消息，它不会输出Log.v和Log.d的信息，但会显示i、w和e的信息。

④ Log.w的输出颜色为橙色，可以看作警告，一般需要注意优化Android代码，同时选择它后还会输出Log.e的信息。

⑤ Log.e的输出颜色为红色，可以看作错误，这里仅显示红色的错误信息，这些错误需要认真地分析，查看栈的信息。

当打开应用时，执行了onCreate()→onStart()→onResume 3个方法，显示图3-6所示的信息。

```
E/ActivityDemo: start onCreate~~~
E/ActivityDemo: start onStart~~~
E/ActivityDemo: start onResume~~~
```

图3-6

当按返回键时，该应用程序将结束，这时将先后调用onPause()→onStop()→onDestroy()3个方法，如图3-7所示。

```
E/ActivityDemo: start onPause~~~
E/ActivityDemo: start onStop~~~
E/ActivityDemo: start onDestroy~~~
```

图3-7

若正在浏览新闻，又想听歌，则可按<Home>键，然后去打开音乐应用程序。当按<Home>键时，Activity先后执行onPause()→onStop()2个方法，这时候应用程序并没有销毁，如图3-8所示。

```
E/ActivityDemo: start onPause~~~
E/ActivityDemo: start onStop~~~
```

图3-8

当再次启动ActivityDemo7应用程序时，则先后分别执行onRestart()→onStart()→onResume() 3个方法，如图3-9所示。

```
E/ActivityDemo: start onRestart~~~
E/ActivityDemo: start onStart~~~
E/ActivityDemo: start onResume~~~
```

图3-9

任务3 拍码购物功能中调用照相机的实现

当用户单击拍码购物的按钮后系统调用照相机，为后期进行二维码扫描做准备。

任务目标

1. 掌握Android系统的信使：Intent

2. 掌握Activity的隐式启动

知识准备

Intent的中文意思是“意图、意向”，在Android中提供了Intent机制来协助应用之间的交互与通信。Intent负责对应用中一次操作的动作、动作涉及数据、附加数据进行描述，Android则根据此Intent的描述，负责找到对应的组件，将Intent传递给调用的组件，并完成组件的调用。Intent不仅可用于应用程序之间，也可用于应用程序内部的Activity与

Service之间的交互。因此，可以将Intent理解为不同组件之间通信的“媒介”，专门提供组件之间互相调用的相关信息。

Intent有以下几个属性：动作（Action）、数据（Data）、分类（Category）以及扩展（Extras）。

1．Intent的Action属性

1）显示网页。

```
Uri uri = Uri.parse( "http://www.google.com");
Intent it  = new  Intent(Intent.ACTION_VIEW,uri);
startActivity(it);
```

2）显示地图。

```
Uri uri = Uri.parse( "geo:38.899533,-77.036476" );
Intent it = new  Intent(Intent.Action_VIEW,uri);
startActivity(it);
```

3）路径规划。

```
Uri uri = Uri.parse( "http://maps.google.com/maps?f=d&saddr=startLat%
20startLng&daddr=endLat%20endLng&hl=en");
Intent it = new  Intent(Intent.ACTION_VIEW,URI);
```

4）拨打电话。

```
调用拨号程序
Uri uri = Uri.parse( "tel:xxxxxx" );
Intent it = new  Intent(Intent.ACTION_DIAL, uri);
startActivity(it);
```

5）发送短信。

```
Uri uri = Uri.parse( "smsto:0800000123" );
Intent it = new  Intent(Intent.ACTION_SENDTO, uri);
it.putExtra("sms_body" ,  "The SMS text" );
startActivity(it);
```

6）播放多媒体。

```
Intent it =  new  Intent(Intent.ACTION_VIEW);
Uri uri = Uri.parse("file:///sdcard/song.mp3" );
it.setDataAndType(uri, "audio/mp3" );
startActivity(it);
```

Action是指Intent要完成的动作，是一个字符串常量。

2．Intent的Data属性

Intent的Data属性是执行动作的URI和MIME类型，不同的Action由不同的Data指定。

例如，ACTION_EDIT应该和要编辑的文档URI Data匹配，ACTION_VIEW应用应该和要显示的URI匹配。

常用值如下。

tel://：号码数据格式，后跟电话号码。

mailto://：邮件数据格式，后跟邮件收件人地址。

smsto://：短消息数据格式，后跟短信接收号码。

content://：内容数据格式，后跟需要读取的内容。

file://：文件数据格式，后跟文件路径。

market://search?q=pname:pkgname：市场数据格式，在Google Market里搜索名为pkgname的应用。

geo://latitude, longitude：经纬数据格式，在地图上显示经纬度所指定的位置。

3．Intent的Category属性

Intent中的Category属性是一个执行Action的附加信息。例如，CATEGORY_HOME表示返回到Home界面，ALTERNATIVE_CATEGORY表示当前的Intent是一系列的可选动作中的一个。

CATEGORY_DEFAULT：Android系统中默认的执行方式，按照普通Activity的执行方式执行。

CATEGORY_HOME：设置该组件为Home Activity。

CATEGORY_PREFERENCE：设置该组件为Preference。

CATEGORY_LAUNCHER：设置该组件为在当前应用程序启动器中优先级最高的Activity，通常与入口ACTION_MAIN配合使用。

CATEGORY_BROWSABLE：设置该组件可以使用浏览器启动。

CATEGORY_GADGET：设置该组件可以内嵌到另外的Activity中。

4．Intent的Extras属性

Extras属性主要用于传递目标组件所需要的额外的数据，通过putExtras()方法设置。常用值如下。

EXTRA_BCC：存放邮件密送人地址的字符串数组。

EXTRA_CC：存放邮件抄送人地址的字符串数组。

EXTRA_EMAIL：存放邮件地址的字符串数组。

EXTRA_SUBJECT：存放邮件主题字符串。

EXTRA_TEXT：存放邮件内容。

EXTRA_KEY_EVENT：以KeyEvent方式存放触发Intent的按键。

EXTRA_PHONE_NUMBER：存放调用ACTION_CALL时的电话号码。

任务实现

1）新建名为AndroidDome3_2的Android项目。

2）修改res/layout文件夹下的activity_main. xml文件，进行如图3-10所示的设置。

图3-10

在默认的线性布局下添加RelativeLayout布局，并在RelativeLayout下添加一个Button按钮控件。其代码如下：

```
<LinearLayout xmlns:android="http://schemas.android.com/apk/res/android"
    android:layout_width="fill_parent"
    android:layout_height="fill_parent"
    android:background="@drawable/bg_shopping"
    android:orientation="horizontal" >
<RelativeLayout
    android:layout_width="fill_parent"
    android:layout_height="fill_parent"
    android:layout_margin="30dp"
    android:background="@drawable/bg_frame_descend_small"
    android:orientation="vertical" >
  <Button
      android:id="@+id/btnOpenCamera"
      android:layout_width="wrap_content"
      android:layout_height="35dp"
      android:layout_alignParentTop="true"
      android:layout_centerHorizontal="true"
      android:background="@drawable/btn_page_hover"
      android:text="打开系统相机拍照"
      android:textColor="@color/white" />
</RelativeLayout>

</LinearLayout>
```

3）声明Button控件和拍照标识。其代码如下：

```
private Button mBtnOpenCamera;
public static final int MEDIA_TYPE_IMAGE = 1;// 标识是拍照
```

4）修改src目录下的MainActivity.java文件，并自定义一个initView()方法实现控件的初始化，同时为按钮添加监听事件。其代码如下：

```
public void initView() {
        mBtnOpenCamera = (Button)findViewById(R.id.btnOpenCamera);
        mBtnOpenCamera.setOnClickListener(new OnClickListener() {
                    @Override
        public void onClick(View v) {
                    }
            });
        }
```

5）实现调用系统自身照相机功能。其代码如下：

```
mBtnOpenCamera.setOnClickListener(new OnClickListener() {

            @Override
            public void onClick(View v) {
                    Intent intent = new Intent();

intent.setAction("android.media.action.IMAGE_CAPTURE");

intent.addCategory("android.intent.category.DEFAULT");
                    startActivity(intent);
            }
        });
}
```

项目小结

本项目主要介绍了Android中Activity的基本用法及生命周期，简单地介绍了关于Android中Intent的一些技术。

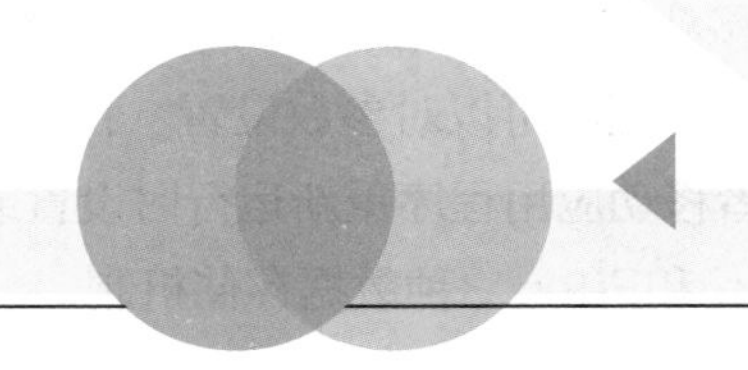

Project 4

项目 4

数据存储的实现

学习目标

本项目通过学习SharedPreferences、SQLite和SD卡读写的使用方法，介绍Android常用的存储技术，实现智慧城市中各类数据的存储功能。

本项目的学习要点如下：

- 掌握使用SharedPreferences读写配置文件
- 掌握使用Android操作SQLite数据库
- 掌握SQLiteOpenHelper工具类的功能和用法
- 掌握读写SD卡的图片

项目目标（见图4-1）

- 数据存储
  - 智能农业环境数据的设置
    - SharedPreferences简介
    - 使用SharedPreferences存储数据
  - 购物信息的录入
    - SQLite数据库简介
    - SQLite数据库的操作方法
  - 购物信息的查询
    - SQLiteOpenHelper类
    - SQLite数据的检索操作
  - 存储摄像头截图内容
    - 实现SD卡对图片数据的读/写
    - 读/写SD卡的文件的操作步骤

图4-1

移动应用程序的运行离不开数据存储这个功能，Android系统提供了多种数据存储机制。移动应用程序可以对参数设置、程序运行状态等相关参数数据进行保存和读取，在移动设备重启或者移动应用程序重新运行时设置或者读取相关的参数。本项目介绍SharedPreferences、SQLite和Files 3种数据存储机制。

任务1　智能农业环境数据的设置

在智能农业系统中，环境数据通过温度、湿度、光照、CO等参数进行设置，对农业养殖温室内的温度、湿度信号以及光照、土壤温度、土壤湿度、CO浓度等环境参数进行实时采集后，通过与系统设置的临界值进行对比，根据对比结果自动开启或者关闭指定设备（如控制开启灯光、空调和风扇等）。

任务目标

本任务使用项目2中任务1的设计界面，实现使用SharedPreferences存储类对温度、湿度范围，光照强度和CO临界值的设定和读取。

针对智能农业参数设定的特定场景，设置参数的格式都是一些简单数据类型的临界数据格式，而且保存数据量有限。在本任务中采用Android提供的SharedPreferences存储类进行保存。

1．了解SharedPreferences的操作模式和常用的使用方法

2．掌握使用SharedPreferences存储数据的方法

扫码观看本任务操作视频

知识准备

1．SharedPreferences简介

Android平台提供了一个轻量级的存储类SharedPreferences，使用存储key-value的形式保存移动应用程序的一些常用配置。Web开发使用XML格式数据作为配置文件，配置程序相关模块功能的参数。Android的SharedPreferences也是以XML格式来保存的。例如，系统设置的相关参数，智能农业系统中温度、湿度等临界值都可以把相关的状态信息保存到SharedPreferences中。当外界温度高于SharedPreferences存储的临界值时，智能农业系统中的硬件设备风扇会自动开启，否则处于关闭状态。

SharedPreferences在移动应用程序的设计中使用比较普遍，类似Windows系统上的ini配置文件保存了系统相关的配置数据。它提供Java常规的Long、Int、String等类型数据

的保存接口，最终把配置数据以XML格式保存在移动设备的内存中。

移动应用程序存储配置数据可以使用Android平台提供的4种SharedPreferences操作模式（见表4-1），在上下文创建SharedPreferences实例对象时要指定目标访问应用程序的访问模式。一般情况下使用MODE_PRIVATE访问本应用程序，本任务即在这种模式下工作。

表4-1　SharedPreferences操作模式

操作模式	说明	值
Context.MODE_PRIVATE	默认操作模式，只能被应用本身访问	0
Context.MODE_APPEND	该模式会检查文件是否存在，存在就向文件中追加内容，否则就创建新文件	32 768
Context.MODE_WORLD_READABLE	表示当前文件可以被其他应用读取	1
Context.MODE_WORLD_WRITEABLE	表示当前文件可以被其他应用写入	2

智能农业移动应用中设计了只存取自身APP应用的访问模式，因此在本应用程序中可以忽略其他访问模式。设计智能农业移动应用的相关业务参数，需要熟悉和使用SharedPreferences存储类提供的相关方法。SharedPreferences和Editor常用方法见表4-2。

表4-2　SharedPreferences和Editor常用方法

方法名称	含义
boolean getBoolean (String key, boolean defValue)	获取一个Boolean类型的值
float getFloat (String key, float defValue)	获取一个Float类型的值
int getInt (String key, int defValue)	获取一个Int类型的值
long getLong (String key, long defValue)	获取一个Long类型的值
String getString (String key, String defValue)	获取一个String类型的值
SharedPreferences.Editor edit ()	获取用于修改SharedPreferences对象设定值的接口引用
SharedPreferences.Editor putBoolean (String key, boolean value)	存入指定key对应的Boolean值
SharedPreferences.Editor putFloat(String key, float value)	存入指定key对应的Float值
SharedPreferences.Editor putInt(String key, int value)	存入指定key对应的Int值
SharedPreferences.Editor putLong(String key, long value)	存入指定key对应的Long值
SharedPreferences.Editor putString(String key, String value)	存入指定key对应的String值
SharedPreferences.Editor commit()	提交存入的数据

从表4-2可以看出，SharedPreferences存储类在读取配置文件的数据时，使用get×××（key，defValue）方法可以获取配置文件中的数据。其中key代表key-value

中的key值，defValue代表如果配置文件中不存在此key-value键值匹配对时，则使用defValue代表的默认值，保证程序的正常运行。

SharedPreferences. Editor工具接口提供了写入XML的方法，可以把指定数据类型以key-value的形式写入文件中。最后切记调用commit()方法提交存入的信息。

2．使用SharedPreferences存取数据

使用SharedPreferences存取key-value值的步骤如下：

1）通过Context上下文获取SharedPreferences实例对象mSharedPreferences：

```
mSharedPreferences = context.getSharedPreferences(String name, int mode);
```

2）SharedPreferences对象取值或SharedPreferences对象获取编辑对象存值：

```
String temp = mSharedPreferences.getString("最低温度","0.0");//获取温度
Editor mEditor = mSharedPreferences.edit();//获取编辑对象存值
```

3）通过mEditor对象存储key-value形式的配置数据：

```
mEditor.putString("最低温度",temp1);
```

4）通过mEditor的commit()方法提交修改数据：

```
mEditor.commit();//提交修改数据
```

任务实现

1）创建一个名为AndroidDemo4_1的Android项目，并把项目2中任务1的界面导入到此项目中，如图4-2所示。

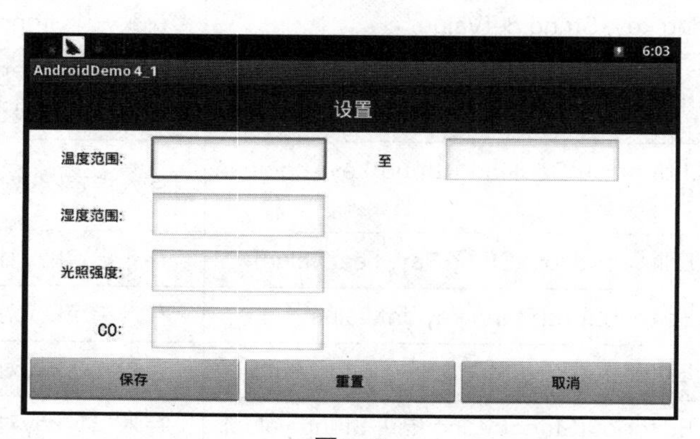

图4-2

2）在src文件夹中下建立MainActivity. java文件实现界面初始化。

应用程序初始化的Activity会实例化界面上的所有控件，这里把界面的控件初始化存放在initView()中，并在MainActivity中，用onCreate(Bundle savedInstanceState)

方法调用initView()。详细代码见示例AndroidDemo4_1\src\com\example\androiddemo4_1\MainActivity.java。界面初始化具体代码如下：

```
protected void onCreate(Bundle savedInstanceState) {
    super.onCreate(savedInstanceState);
    setContentView(R.layout.activity_main);
    initView();//初始化控件
  }
    private void initView() {
        //通过findViewById找到控件强制转换成相应类型并赋值
        mEtTemp1 = (EditText)findViewById(R.id.etTemp1);
        mEtTemp2 = (EditText)findViewById(R.id.etTemp2);
        mEtHumi = (EditText)findViewById(R.id.etHumi);
        mEtLight = (EditText)findViewById(R.id.etLight);
        mEtCo = (EditText)findViewById(R.id.etCo);

        mBtnSave = (Button)findViewById(R.id.btnSave);
        mBtnClear = (Button)findViewById(R.id.btnClear);
        mBtnRead = (Button)findViewById(R.id.btnRead);
}
```

3）设置“保存”按钮单击事件，获取EditText的值，并通过SharedPreferences保存数据。

当智能农业系统管理员输入系统相关的设置参数，单击“保存”按钮后，程序将通过SharedPreferences把设置数据写入移动设备中。后台只需在initView()中添加实现mBtnSave按钮的单击事件即可。其具体代码如下：

```
//设置按钮单击事件
        //保存按钮
        mBtnSave.setOnClickListener(new OnClickListener() {
            public void onClick(View v) {
                //获取EditText的值，如果为空则return
                String temp1 = mEtTemp1.getText().toString();
                String temp2 = mEtTemp2.getText().toString();
                String humi = mEtHumi.getText().toString();
                String light= mEtLight.getText().toString();
                String co = mEtCo.getText().toString();
                //实例化一个SharedPreferences对象，定义名字和访问类型，这里存储的文
件名是zhcs.xml，访问类型是私有的，只允许本程序访问
                SharedPreferences mSharedPreferences = getSharedPreferences("zhcs",
Context.MODE_PRIVATE);
```

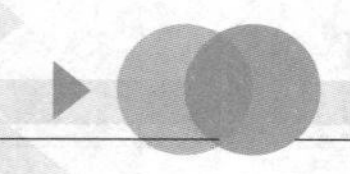


```
                    //获取编辑器
                    Editor mEditor = mSharedPreferences.edit();
                    mEditor.putString("最低温度",temp1);
                    mEditor.putString("最高温度",temp2);
                    mEditor.putString("湿度临界值",humi);
                    mEditor.putString("光照临界值",light);
                    mEditor.putString("CO临界值",co);
                    mEditor.commit();//提交修改
Toast.makeText(MainActivity.this, "保存成功！",
Toast.LENGTH_SHORT).show();
            }
        });
```

通过代码可以看出智能农业环境数据保存到一个名为zhcs的文件中，它在移动设备中的完整路径和名称为/data/data/com. example. AndroidDemo4_1/shared_prefs/zhcs. xml。可以通过Device File Explorer选项卡找到该文件（见图4-3），右击文件zhcs. xml，选择“save as”将文件导出到文件系统中，打开后可以看到配置文件的配置形式（见图4-4）。

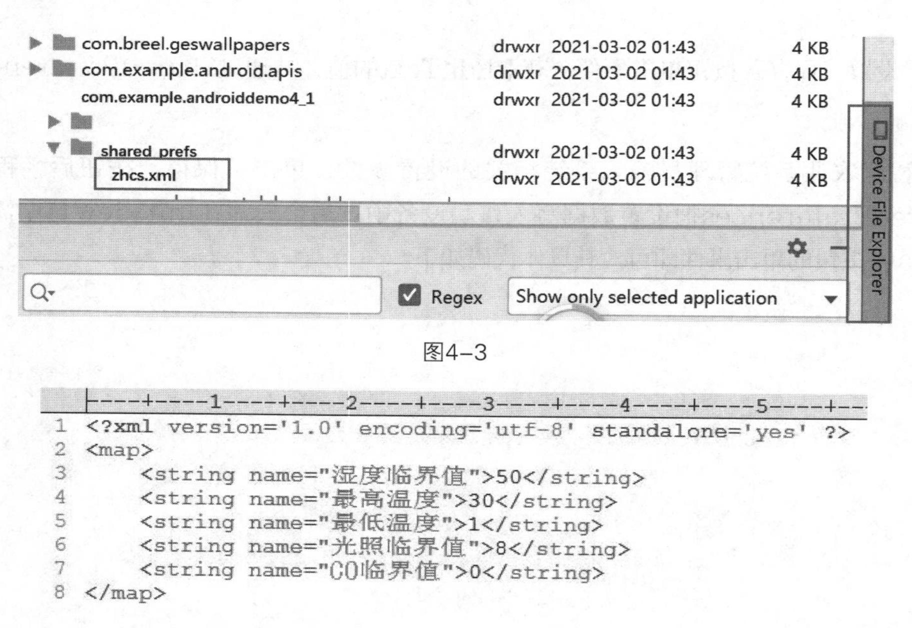

图4-3

```
1 <?xml version='1.0' encoding='utf-8' standalone='yes' ?>
2 <map>
3     <string name="湿度临界值">50</string>
4     <string name="最高温度">30</string>
5     <string name="最低温度">1</string>
6     <string name="光照临界值">8</string>
7     <string name="CO临界值">0</string>
8 </map>
```

图4-4

从保存环境参数这个功能可以看出，SharedPreferences数据是以XML格式保存在移动设备中的。它以<map>…</map>为根元素，可以包含多种数据类型子元素的XML格式数据，子元素以key-value键值匹配的形式存在。当value为字符串类型时，使用<String…/>格式的子元素。

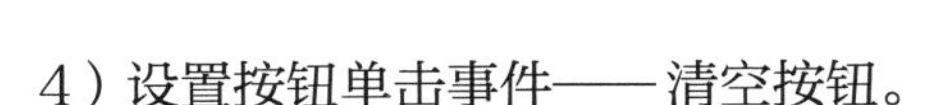

4）设置按钮单击事件——清空按钮。

当单击“清空”按钮后，程序将之前的数据清空，后台只需在initView()中添加实现mBtnClear按钮的单击事件即可。其具体代码如下：

```
//清空按钮
        mBtnClear.setOnClickListener(new OnClickListener() {

            @Override
            public void onClick(View v) {
                //清空编辑框
                mEtTemp1.setText("");
                mEtTemp2.setText("");
                mEtHumi.setText("");
                mEtLight.setText("");
                mEtCo.setText("");
                Toast.makeText(MainActivity.this, "清空成功！ ", Toast.LENGTH_SHORT).show();
            }
        });
```

5）设置按钮单击事件——读取按钮。

当智能农业系统管理员关闭应用再次进入系统，并单击“读取”按钮后，程序将通过SharedPreferences存储类读取移动设备中的zhcs.xml文件并显示在界面。后台只需在initView()中添加实现mBtnRead按钮的单击事件即可。其具体代码如下：

```
//读取按钮
        mBtnRead.setOnClickListener(new OnClickListener() {
            public void onClick(View v) {
                SharedPreferences mSharedPreferences
              = getSharedPreferences("zhcs", Context.MODE_PRIVATE);
                //getString()第二个参数为默认值，如果preference中不存在该key，则返回默认值
                String temp1 = mSharedPreferences.getString("最低温度","");
                String temp2 = mSharedPreferences.getString("最高温度","");
                String humi = mSharedPreferences.getString("湿度临界值","");
                String light = mSharedPreferences.getString("光照临界值","");
                String co = mSharedPreferences.getString("CO临界值","");
                //设置编辑框值
                mEtTemp1.setText(temp1);
                mEtTemp2.setText(temp2);
```

```
                mEtHumi.setText(humi);
                mEtLight.setText(light);
                mEtCo.setText(co);
                Toast.makeText(MainActivity.this, "读取成功！", Toast.LENGTH_SHORT).show();
            }
        });
```

通过代码可以看出，移动应用程序成功地读取数据并显示，与上一次保存的数据完全一致，说明通过SharedPreferences存储数据功能可成功完成数据存储。通过SharedPreferences的get×××()方法可得到配置文件中的数据内容。本应用中的重置按钮事件相对比较简单，请读者自行实现即可。

6）运行AndroidDemo4_1程序并打开Android端，写入数据并单击“保存”按钮，再单击“读取”按钮能读取到刚刚写入的数据，如图4-5所示；单击“重置”或“清空”按钮后可以将写入的数据删除，再写入新的数据。

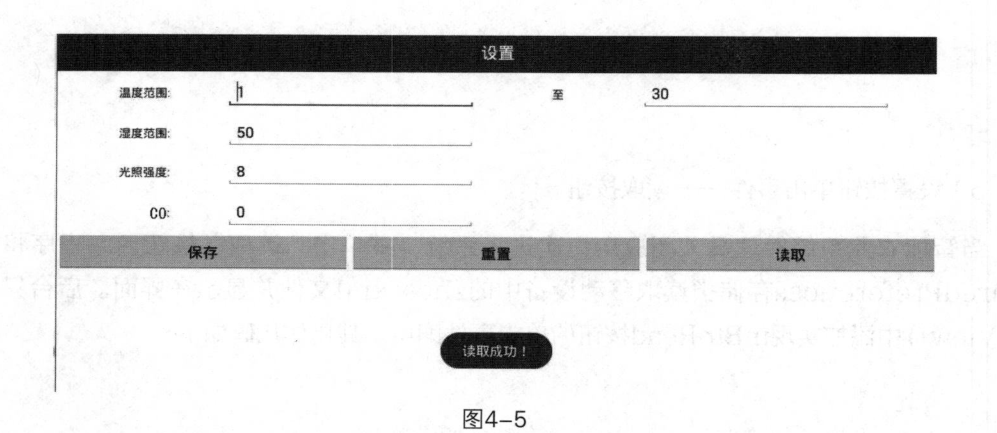

图4-5

任务2　购物信息的录入

本任务使用项目2中任务2的设计界面（见图2-3），并使用SQLite数据库存储商品订单信息。针对智能商超移动端设定的特定场景，订单信息已经在界面设计过程中输入到界面中，这样测试程序时就不用重新输入订单数据。单击“保存”按钮后，订单数据保存在Android平台提供的SQLite数据库中，数据库的名称为MyDb.db，数据库订单表为Info。保存成功后界面提示“插入成功！”信息。

随着物联网信息化产业和电子商务的不断发展，传统模式的商品销售转型为线上线下相结合的营销方式。智能商超相关软件的开发已经在各个电商企业中占据核心地位。其中移动设备对商品的信息化处理已经成为智能商超所有功能中基本的数据处理功能。本任务将模拟智能商超中购物信息录入的功能。

任务目标

1．了解SQLite数据库的特点

2．掌握SQLite数据库的常用操作方法

扫码观看本任务操作视频

知识准备

1．SQLite数据库简介

SQLite数据库是一个发布于2000年的具有开源、内嵌式特征的轻量级关系型数据库。尽管SQLite数据库是一个轻量级的数据库，但它支持关系型数据库（如SQL Server、Oracle）操作数据的大部分功能，如触发器、索引、自动增长字段和LIMIT/OFFSET子句等。该数据库在运行时占有的系统资源非常少，目前广泛地应用于嵌入式产品中。Android平台已经嵌入了SQLite数据库，其具有如下特点。

- 跨平台：SQLite数据库可以编译运行在绝大多数主流操作平台上，同样适用于很多移动终端平台。
- 紧凑性：SQLite数据库是一个功能齐全，但体积很小的数据库，可以描述为1个头文件、1个库。
- 适应性：SQLite数据库作为一个内嵌式的数据库，具备可伸缩的关系型数据库前端，简单而紧凑的多路搜索树后端。
- 不受拘束的授权：SQLite数据库的全部代码都在公共域中，不需要授权。
- 可靠性：SQLite数据库是一个开源的数据库，包含大约30 000行标准C代码。
- 易用性：SQLite数据库还提供一些独特的功能来提高易用性，包括动态类型、冲突解决和附加多个数据库到一个连接的能力。

SQLite数据库采用动态数据存储类型，会根据存入的值自动进行判断。SQLite支持5种数据类型：NULL-空值、INTEGER-带符号的整型，REAL-浮点型，TEXT-字符串文本和BLOB-二进制对象。但在实际编程过程中，SQLite数据库可以写入int、varchar等大多数数据类型，只是在数据库运算或保存时将它们转化为可以接受的5种数据类型。Android平台已经集成了SQLite数据库，所以移动应用开发阶段只需要引用SQLite提供的API接口工具类即可创建和使用指定的数据库。表4-3说明了在移动平台上使用SQLiteDatabase工具类创建或打开数据库的方法说明。

表4-3　SQLiteDatabase工具类创建或打开数据库的方法说明

方法	操作	参数说明
openDatabase(String path, SQLiteDatabase.CursorFactory factory, int flags, DatabaseErrorHandler errorHandler)	打开	path：数据库的路径 factory：用于存储查询数据库的Cursor工厂，null代表默认工厂 flags：设置数据库访问模式（0：读写，1：只读） errorHandler：数据库处理异常的报告 file：数据库文件
openDatabase(String path, SQLiteDatabase.CursorFactory factory, int flags)	打开	
openOrCreateDatabase(String path, SQLiteDatabase.CursorFactory factory, DatabaseErrorHandler errorHandler)	打开 创建	
openOrCreateDatabase(String path, SQLiteDatabase.CursorFactory factory)	打开 创建	
openOrCreateDatabase(File file, SQLiteDatabase.CursorFactory factory)	打开 创建	

按照智能商超设定的增加订单业务规则，现在可以使用SQLiteDatabase工具类创建本任务应用（AndroidDemo4-2）的数据库MyDb. db，使用openOrCreateDatabase (String path, SQLiteDatabase. CursorFactory factory)这个方法创建。数据库默认存储在Android设备的/data/data/<package_name>/文件夹中。

```
//创建MyDb.db数据库在移动设备/data/data/com.example.androiddemo4_2目录下
        String path = "/data/data/com.example.androiddemo4_2";
        CursorFactory factory = null;
        SQLiteDatabase  MyDb = SQLiteDatabase.openOrCreateDatabase(path, factory);
```

在MainActivity的onCreate (Bundle savedInstanceState) 方法中执行完以上建库代码后，可以通过Device File Explorer选项卡找到MyDb. db的数据库文件，右击数据库文件，选择“save as”将数据库文件导出到文件系统中，使用SQLite可视化管理工具打开数据库文件。

2．SQLite数据库的操作方法

在数据库创建的基础上，可以对数据库进行建表和对数据表的DML（数据操纵）进行操作。根据Android API中SQLiteDatabase提供的数据操作方法，对数据库的一般操作过程可以总结为以下4点。

1）初始化打开或创建数据库：

```
SQLiteDatabase.openOrCreateDatabase(String path,SQLiteDatabase.CursorFactory factory));
```

2）创建数据库表结构：

```
SQLiteDatabase.execSQL(String sql) // SQLiteDatabase为数据库引用，sql为建表SQL语句
```

3）执行数据操作：

```
SQLiteDatabase.insert(String table, String nullColumnHack, ContentValues values)
SQLiteDatabase.update(String table, ContentValues values, String whereClause, String[] whereArgs)
SQLiteDatabase.delete(String table, String whereClause, String[] whereArgs)
```

4）关闭数据库：

```
SQLiteDatabase.close();
```

数据操作常用方法见表4-4。

表4-4 数据操作常用方法

方法名称	含义
execSQL(String sql)	执行标准SQL语句
execSQL(String sql, Object[] bindArgs)	执行带占位符的SQL语句
insert(String table, String nullColumnHack, ContentValues values)	插入一条数据
update(String table, ContentValues values, String whereClause, String[] whereArgs)	更新一条数据
delete(String table, String whereClause, String[] whereArgs)	删除一条数据
beginTransaction()	开始事务
endTransaction()	结束事务

1）创建一个名为AndroidDemo4_2的Android项目，并把项目2中任务2的界面导入到该项目中，如图2-3所示。

2）在src文件夹中建立MainActivity. java文件，实现界面初始化。

根据项目2中任务2的界面设计结果，熟悉res/layout/activity_main. xml界面元素的相关设置，并在Activity中实现界面控件的初始化。

在应用程序中初始化的Activity会实例化界面上的所有控件，这里把界面的控件初始化存放在initView()中，并在MainActivity的onCreate(Bundle savedInstanceState)方法中调用initView()。详细代码见示例AndroidDemo4_2\src\com\example\androiddemo4_2\MainActivity. java。界面初始化具体代码如下:

```
private void initView() {
        // 初始化spinner控件
        mSpinner1 = (Spinner) findViewById(R.id.spinner1);
        ArrayAdapter<String> adapter = new ArrayAdapter<String>(this,
                    android.R.layout.simple_spinner_item, mSpData);
        mSpinner1.setAdapter(adapter);
        mBtnInsert = (Button) findViewById(R.id.btnInsert);
        mImgSearch = (ImageView) findViewById(R.id.imgSearch);
        });
```

3）设置单击按钮事件，保存订单数据到MyDb数据库中。

当智能商超系统根据实际销售数据生成订单后，单击“保存”按钮，程序将通过SQLite Database工具类把订单数据写入MyDb. db的SQLite数据库中。后台只需在initView()中添

加实现mBtnInsert按钮的单击事件即可。其具体代码如下：

```
//按钮单击事件
mBtnInsert.setOnClickListener(new OnClickListener() {

        @Override
        public void onClick(View v) {
            // 设置要插入的值
            String id = "201508260528";
            String name = "李四";
            String phone = "13666666666";
            String address = "XX省XX市XX县XX街道";
            String money = "168";
            int state = 0;

            ContentValues cv = new ContentValues();
            cv.put("id", id);
            cv.put("name", name);
            cv.put("phone", phone);
            cv.put("address", address);
            cv.put("money", money);
            cv.put("state", state);
            myDb.insert("Info", "name", cv);
            myDb.close();
        }
    });
```

在实现插入订单数据的具体功能时本实例采用的是后台静态数据，这样可以使代码清晰明了。在实际开发过程中，要得到界面生成的实际数据。通过代码可以看出，智能商超订单数据保存到MyDb. db文件中，它在移动设备中的完整路径和名称为/data/data/com. example. androiddemo4_2/MyDb. db。可以通过Device File Explorer选项卡找到MyDb. db的文件，右击MyDb. db文件，选择“save as”将文件导出到文件系统中，使用SQLite可视化管理工具打开数据库可以看到插入订单数据的结果，如图4-6所示。

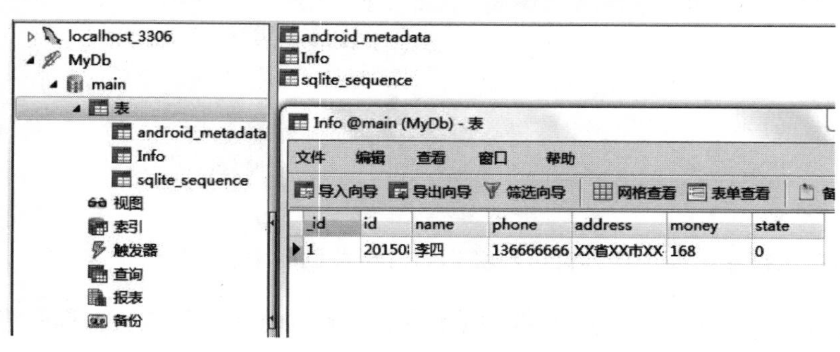

图4-6

通过插入订单数据到SQLite数据库的功能实现案例，可以得出SQLite数据库是一个嵌入式的关系型数据库，充分体现了这种数据库的易用性。本案例为了代码的集中性和便于初学者掌握，把关闭数据库的语句写在了单击事件的末尾。按照常规开发的思路，关闭数据库操作应该写在Activity的onDestroy()方法中。当移动应用程序从当前Activity退出时将会回调该方法释放资源。读者可以根据订单数据插入的功能自行实现订单数据修改和删除的功能。

4）在src文件夹中新建类MyDb.java，创建数据库，代码如下：

```
public class MyDb extends SQLiteOpenHelper {

    private static int VERSION = 1;//数据库版本
    private static String DB_NAME = "MyDb.db";//数据库名称
    private static MyDb busDB ;
    public MyDb(Context context) {
        super(context, DB_NAME, null, VERSION);
    }
    /**
     *  获取数据库实例化
     * @param context 上下文对象
     * @return BusDB对象
     */
    public static MyDb getInstance(Context context) {
        if(busDB==null){
            busDB = new MyDb(context);
            return busDB;
        }else{
            return busDB;
        }


    }
/**
     * 创建表，定义表字段
     * */
    @Override
    public void onCreate(SQLiteDatabase db) {
        db.execSQL("CREATE TABLE Info (_id INTEGER PRIMARY KEY AUTOINCREMENT,id TEXT,
name TEXT,phone TEXT,address TEXT,money TEXT,state INTEGER)");
    }

    @Override
    public void onUpgrade(SQLiteDatabase db, int oldVersion, int newVersion) {
```

```
            if (oldVersion == 1 && newVersion == 2) {// 升级判断,如果再升级就要再加两个判断,从1到
3,从2到3
                db.execSQL("ALTER TABLE register ADD phone TEXT;");
            }
    }
```

5）查询表，代码如下：

```
/**
        *  查询表
        * @param table 表名 有 BusCard 和 BusCardInfo
        * @param where 条件
        * @param orderBy 排序 没有则传入null
        * @return 返回游标
        */
        public Cursor select(String where, String orderBy) {// 返回表中的数据,where是调用时候传
进来的搜索内容,orderBy是设置中传进来的列表排序类型
            StringBuilder buf = new StringBuilder("SELECT * FROM "+"Info");

            if (where != null) {
                buf.append(" WHERE ");
                buf.append(where);
            }

            if (orderBy != null) {
                buf.append(" ORDER BY ");
                buf.append(orderBy);
            }
    Log.e("buf", buf.toString());
            return (getWritableDatabase().rawQuery(buf.toString(), null));
    }
```

6）插入记录，代码如下：

```
/**
        *  插入记录
        * @param id 订单号
        * @param name 姓名
        * @param phone 电话
        * @param address 地址
        * @param money 金额
        */
    public void insert(String id,String name,String phone,String address,String money,int state){
        ContentValues cv = new ContentValues();
```

```
            cv.put("id", id);
            cv.put("name", name);
            cv.put("phone", phone);
            cv.put("address", address);
            cv.put("money", money);
            cv.put("state", state);
            getReadableDatabase().insert("Info", "name", cv);
    }
```

7）使用Cursor方法获取各类信息，代码如下：

```
/**
  * 获取订单号
  * @param c 查询后的游标
  * @return 订单号
  */
 public String getID(Cursor c){
        return c.getString(1);
 }

 /**
  * 获取姓名
  * @param c 查询后的游标
  * @return 姓名
  */
 public String getName(Cursor c){
        return c.getString(2);
 }

 /**
  * 获取电话
  * @param c 查询后的游标
  * @return 电话
  */
 public String getPhone(Cursor c){
        return c.getString(3);
 }

 /**
  * 获取地址
  * @param c 查询后的游标
  * @return 地址
  */
```

```
    public String getAddress(Cursor c){
            return c.getString(4);
    }
    /**
     * 获取金额
     * @param c 查询后的游标
     * @return 姓名
     */
    public String getMoney(Cursor c){
            return c.getString(5);
    }
    /**
     * 获取状态
     * @param c 查询后的游标
     * @return 状态
     */
    public String getState(Cursor c){
            int state = c.getInt(6);
            if(state == 0 ){
                    return "未出货";
            }
            return "已出货";
    }
}
```

8）ListView控件的MyAdapter适配器的设计。

9）运行程序。其代码如下：

```
public class MyAdapter extends BaseAdapter {

        private Context context;
        private Cursor c ;
        public MyAdapter(Context context,Cursor c){
                this.context = context;
                this.c = c;
        }
        @Override
        public int getCount() {
                return c.getCount();
        }
```

```
    @Override
    public Object getItem(int position) {
        // TODO Auto-generated method stub
        return null;
    }

    @Override
    public long getItemId(int position) {
        // TODO Auto-generated method stub
        return 0;
    }

    @Override
    public View getView(int position, View convertView, ViewGroup parent) {
        ViewHoller v;
        if(convertView==null){
            v = new ViewHoller();
            convertView = LayoutInflater.from(context).inflate(R.layout.item, null);
            v.mTvID = (TextView)convertView.findViewById(R.id.tvID);
            v.mTvName = (TextView)convertView.findViewById(R.id.tvName);
            v.mTvAmount = (TextView)convertView.findViewById(R.id.tvAmount);
            v.mTvState = (TextView)convertView.findViewById(R.id.tvState);
            v.mTvAddress = (TextView)convertView.findViewById(R.id.tvAddress);
            convertView.setTag(v);
        }else{
            v = (ViewHoller) convertView.getTag();
        }
        if(c.getCount()!=0){
            if(c.moveToPosition(position)){
            v.mTvID.setText(MyDb.getInstance(context).getID(c));
        v.mTvName.setText(MyDb.getInstance(context).getName(c));
        v.mTvAmount.setText(MyDb.getInstance(context).getMoney(c));
        v.mTvState.setText(MyDb.getInstance(context).getState(c));
        v.mTvAddress.setText(MyDb.getInstance(context).getAddress(c));
            }
        }
        return convertView;
    }

    class ViewHoller{
        TextView mTvID,mTvAmount,mTvState,mTvAddress,mTvName;
    }
}
```

任务3　购物信息的查询

本任务使用项目2中任务6的设计界面结果，实现使用SQLite数据库查询商品订单信息。通过智能商超移动端设定的特定场景，订单信息已经在任务2的步骤中实现了订单数据录入，数据库中已经保存了订单的测试数据。当单击图2-7界面中的“盘点查看”按钮后，界面跳转到订单列表新界面并检索MyDb. db数据库中的所有订单数据，通过ListView的形式显示出来（见图4-6）。

电子商务的普及为人们的生活带来了巨大的便捷性，其中订单信息的查询成为电商App应用中一项基础的功能。本任务将在项目4任务2生成订单数据的基础上，实现订单数据的查询并显示给客户。

任务目标

1．了解SQLiteDatabase工具类操作数据库的常用方法

2．掌握SQLite数据检索的操作方法

扫码观看本任务操作视频

知识准备

1．SQLiteOpenHelper类

在项目4任务2中使用SQLiteDatabase工具类操作数据库，已经基本达到了设计需要的效果。不过Android提供了更高级的工具类SQLiteOpenHelper来创建一个数据库，只要继承SQLiteOpenHelper类，就可以轻松地创建数据库。SQLiteOpenHelper类根据开发应用程序的需要，封装了创建和更新数据库使用的逻辑。通过重写SQLiteOpenHelper的构造函数、onCreate()和onUpgrade()方法来处理数据库的创建和更新到新的版本。Android API中提供了以下两种SQLiteOpenHelper类的构造方法：

- SQLiteOpenHelper(Context context, String name, SQLiteDatabase.CursorFactory factory, int version)。
- SQLiteOpenHelper(Context context, String name, SQLiteDatabase.CursorFactory factory, int version, DatabaseErrorHandler errorHandler)。

子类通过继承实现SQLiteOpenHelper提供便捷的操作数据库的方法。在子类构造函数中需要填入Context context（上下文环境）、String name（数据库名称）、SQLiteDatabase.CursorFactory factory（游标工厂）、int version（数据库版本）和

DatabaseErrorHandler errorHandler（异常报告）。另外，子类必须实现onCreate()和onUpgrade()这两种抽象方法。下面介绍SQLiteOpenHelper常用的方法（见表4-5）。

表4-5 SQLiteOpenHelper常用方法说明

方法名称	含义
getDatabaseName()	获取数据库名称
getReadableDatabase()	以读写的方式打开SQLite数据库引用
getWritableDatabase()	以写的方式打开SQLite数据库引用
onCreate(SQLiteDatabase db)	第一次创建数据库时的回调方法
onUpgrade(SQLiteDatabase db, int oldVersion, int newVersion)	更新数据库版本时的回调方法
onOpen(SQLiteDatabase db)	当数据库打开时的回调方法
close()	关闭数据库

在数据库第一次生成时，会调用SQLiteOpenHelper子类中的onCreate()方法。一般通过这个方法生成数据库表。当数据库需要升级时，Android系统会主动调用onUpgrade()方法。例如，运用这个方法可以删除数据表，并建立新的数据表。getReadableDatabase()并不是以只读方式打开数据库，而是先执行getWritableDatabase()，失败的情况下才调用。getWritableDatabase()和getReadableDatabase()方法都可以获取一个用于操作数据库的SQLiteDatabase实例。但getWritableDatabase()方法以读写方式打开数据库，一旦数据库所在的硬盘空间满了，数据库就只能读而不能写，getWritableDatabase()打开数据库时就会出错。getReadableDatabase()方法先以读/写方式打开数据库，如果数据库所在的硬盘空间满了，就会打开失败。打开失败后，会继续尝试以只读方式打开数据库。

按照智能商超设定的业务规则，可以使用SQLiteOpenHelper工具类子类创建本项目应用（AndroidDemo4_3）的数据库MyDb. db。MyDb子类在构造方法中调用父类SQLiteOpenHelper的SQLiteOpenHelper（context, name,. factory, version）构造方法可实现MyDb. db数据库的创建，数据库默认存储在Android设备的/data/data/<package_name>/ databases/文件夹中。最后，onCreate()和onUpgrade()这两个抽象方法分别用来创建订单表和更新数据库版本。其代码如下：

```
//创建MyDb.db数据库在移动设备/data/data/com.example.androiddemo4_3/databases/目录下
public class MyDb extends SQLiteOpenHelper {
    private static int VERSION = 1;//数据库版本
    private static String DB_NAME = "MyDb.db";//数据库名称
    private static MyDb busDB ;
    public MyDb(Context context) {
        super(context, DB_NAME, null, VERSION);
    }
    /**
```

```
     *  获取数据库实例化
     * @param context 上下文对象
     * @return BusDB对象
     */
    public static MyDb getInstance(Context context) {
        if(busDB==null){
            busDB = new MyDb(context);
            return busDB;
        }else{
            return busDB;
        }
    /**
     * 创建表，定义表字段
     * */
    @Override
    public void onCreate(SQLiteDatabase db) {
        db.execSQL("CREATE TABLE Info (_id INTEGER PRIMARY KEY AUTOINCREMENT,id 
TEXT, name TEXT,phone TEXT,address TEXT money TEXT,state INTEGER)");
    }
    @Override
    public void onUpgrade(SQLiteDatabase db, int oldVersion, int newVersion) {
        if (oldVersion == 1 && newVersion == 2) {// 升级判断,如果再升级就要再加两个判断,从
1到3,从2到3
            db.execSQL("ALTER TABLE register ADD phone TEXT;");
        }
    }
    }
}
```

执行完以上建库代码后，可以通过Device File Explorer选项卡找到该数据库文件，右击数据库文件，选择“save as”将文件导出到文件系统中，使用SQLite可视化管理工具打开数据库文件。

2．SQLite数据的检索操作

在基于SQLiteOpenHelper类已经实现的创建数据库和新增数据的基础上，可以对数据库表进行数据检索操作。依据Android API中SQLiteDatabase提供的数据操作方法，常用的SQLiteDatabase数据检索操作方法和数据游标Cursor的操作方法（见表4-6和表4-7）。数据检索（采用SQLiteOpenHelper类的方式）的一般操作过程如下：

1）子类继承SQLiteOpenHelper类：

```
public class MyDb extends SQLiteOpenHelper {···}
```

2）通过构造器初始化打开或创建数据库：

```
public MyDb(Context context) {
        super(context, name,.factory, version);
    }
```

3）创建数据库表结构：

```
@Override
public void onCreate(SQLiteDatabase db) {
    db.execSQL(sql);            // sql为建表SQL语句
}
```

4）更行数据库版本操作：

```
@Override
    public void onUpgrade(SQLiteDatabase db, int oldVersion, int newVersion) {
        if (oldVersion == 1 && newVersion == 2) {
            db.execSQL("ALTER TABLE register ADD phone TEXT;");
        }
    }
```

5）执行数据检索操作：

```
SQLiteDatabase.rawQuery(buf.toString(), null));
```

6）遍历游标Cursor。

7）关闭数据库。

表4-6　SQLiteDatabase数据检索常用方法

方法名称	含义
query(String table, String[] columns, String selection, String[] selectionArgs, String groupBy, String having, String orderBy)	检索带有条件表中的记录
rawQuery(String sql, String[] selectionArgs)	检索带占位符的SQL语句

表4-7　Cursor常用方法

方法名称	含义
moveToFirst()	将Cursor的游标移动到第一条
moveToLast()	将Cursor的游标移动到最后一条
move(int offset)	将Cursor的游标移动到指定ID
moveToNext()	将Cursor的游标移动到下一条
getCount()	获取Cursor 总记录条数
getInt(int columnIndex)	根据索引ID 获取int类型字段
getString(string columnIndex)	根据索引ID 获取String类型字段
getBlob(blob columnIndex)	根据索引ID 获取Blob类型字段

任务实现

1）创建一个名为AndroidDemo4_2的Android项目，并把项目2中任务2的界面导入到该项目中，如图2-7所示。

2）界面初始化设计。

根据项目2中任务2和任务6的界面设计结果，熟悉res/layout/activity_main. xml、activity_search. xml和item. xml界面元素的相关设置。在MainActivity界面实现的基础上添加跳转到SearchActivity的逻辑代码。在SearchActivity中实现界面控件的初始化和数据的显示。

应用程序初始化的MainActivity会实例化界面上的所有控件，这里把界面的控件初始化存放在initView()中，并在MainActivity的onCreate(Bundle savedInstanceState)方法中调用initView()。AndroidDemo4_3\src\com\example\androiddemo4_3\MainActivity. java是详细代码。界面初始化具体代码如下：

```
private void initView() {
    //初始化spinner控件
        mSpinner1 = (Spinner)findViewById(R.id.spinner1);
    ArrayAdapter<String> adapter = new ArrayAdapter<String>( this , android.R.layout. simple_spinner_item , mSpData );
        mSpinner1.setAdapter(adapter);

        mBtnInsert = (Button)findViewById(R.id.btnInsert);
        mBtnInsert.setOnClickListener(new OnClickListener() {

            @Override
            public void onClick(View v) {
                //未出货则为0，反之为1
                state = mSpinner1.getSelectedItemPosition();
    MyDb.getInstance(getApplicationContext()).insert(id, name, phone, address, money,state);
                    Toast.makeText(MainActivity.this, "插入成功！", Toast.LENGTH_SHORT).show();
            }
        });

        mImgSearch = (ImageView)findViewById(R.id.imgSearch);
        mImgSearch.setOnClickListener(new OnClickListener() {

            @Override
            public void onClick(View v) {
                Intent intent = new Intent();
```

```
                    intent.setClass(MainActivity.this, SearchActivity.class);
                    startActivity(intent);
                }
            });
        }
```

应用程序由MainActivity跳转到SearchActivity后会实例化SearchActivity界面上的所有控件，这里只在SearchActivity的onCreate()方法中查询数据库并显示在ListView中。AndroidDemo4_3\src\com\example\androiddemo4_3\SearchActivity.java是详细代码。界面初始化和加载数据具体代码如下：

```
protected void onCreate(Bundle savedInstanceState) {
    super.onCreate(savedInstanceState);
    setContentView(R.layout.activity_search);
    mListView = (ListView)findViewById(R.id.listView1);
    //不需要条件 和 排序 所以两个值传入 null
    c = MyDb.getInstance(getApplicationContext()).select(null, null);
    mAdapter = new MyAdapter(getApplicationContext(),c);
    mListView.setAdapter(mAdapter);
}
```

3）使用SQLiteOpenHelper父类创建MyDb子类。

MyDb.java类是一个包含数据库操作的工具类，它具有数据库的初始化创建功能、订单表的初始化创建功能、数据库版本更新管理功能、新增订单数据功能方法、检索订单数据功能方法和定义订单条目属性的功能方法。完整的MyDb.java代码如下：

```
public class MyDb extends SQLiteOpenHelper {

    private static int VERSION = 1;//数据库版本
    private static String DB_NAME = "MyDb.db";//数据库名称
    private static MyDb busDB ;
    public MyDb(Context context) {
        super(context, DB_NAME, null, VERSION);
    }
    /**
     * 获取数据库实例化
     * @param context 上下文对象
     * @return BusDB对象
     */
    public static MyDb getInstance(Context context) {
        if(busDB==null){
            busDB = new MyDb(context);
```

```
                return busDB;
            }else{
                return busDB;
            }

    }
    /**
     * 创建表，定义表字段
     * */
    @Override
    public void onCreate(SQLiteDatabase db) {
        db.execSQL("CREATE TABLE Info (_id INTEGER PRIMARY KEY AUTOINCREMENT,id TEXT, name TEXT,phone TEXT,address TEXT,money TEXT,state INTEGER)");
    }
    @Override
    public void onUpgrade(SQLiteDatabase db, int oldVersion, int newVersion) {
        if (oldVersion == 1 && newVersion == 2) {// 升级判断,如果再升级就要再加两个判断,从1到3,从2到3
            db.execSQL("ALTER TABLE register ADD phone TEXT;");
        }
    }
```

4）查询表。其代码如下：

```
/**
     *  查询表
     * @param table 表名 有 BusCard 和 BusCardInfo
     * @param where 条件
     * @param orderBy 排序 没有则传入null
     * @return 返回游标
     */
    public Cursor select(String where, String orderBy) {// 返回表中的数据,where是调用时传进来的搜索内容,orderBy是设置中传进来的列表排序类型
        StringBuilder buf = new StringBuilder("SELECT * FROM "+"Info");

        if (where != null) {
            buf.append(" WHERE ");
            buf.append(where);
        }

        if (orderBy != null) {
            buf.append(" ORDER BY ");
            buf.append(orderBy);
```

```
        }
    Log.e("buf", buf.toString());
        return (getWritableDatabase().rawQuery(buf.toString(), null));
}
```

5）插入记录。其代码如下：

```
/**
 * 插入记录
 * @param id 订单号
 * @param name 姓名
 * @param phone 电话
 * @param address 地址
 * @param money 金额
 */
public void insert(String id,String name,String phone,String address,String money,int state){
    ContentValues cv = new ContentValues();
    cv.put("id", id);
    cv.put("name", name);
    cv.put("phone", phone);
    cv.put("address", address);
    cv.put("money", money);
    cv.put("state", state);
    getReadableDatabase().insert("Info", "name", cv);
}
```

6）使用cursor获取各类信息。其代码如下：

```
/**
 * 获取订单号
 * @param c 查询后的游标
 * @return 订单号
 */
public String getID(Cursor c){
    return c.getString(1);
}

/**
 * 获取姓名
 * @param c 查询后的游标
 * @return 姓名
 */
public String getName(Cursor c){
```

```
        return c.getString(2);
    }

    /**
     * 获取电话
     * @param c 查询后的游标
     * @return 电话
     */
    public String getPhone(Cursor c){
        return c.getString(3);
    }

    /**
     * 获取地址
     * @param c 查询后的游标
     * @return 地址
     */
    public String getAddress(Cursor c){
        return c.getString(4);
    }
    /**
     * 获取金额
     * @param c 查询后的游标
     * @return金额
     */
    public String getMoney(Cursor c){
        return c.getString(5);
    }
    /**
     * 获取状态
     * @param c 查询后的游标
     * @return 状态
     */
    public String getState(Cursor c){
        int state = c.getInt(6);
        if(state == 0 ){
            return "未出货";
        }
        return "已出货";
    }

}
```

7）设计ListView控件的MyAdapter适配器。其代码如下：

```
public class MyAdapter extends BaseAdapter {

    private Context context;
    private Cursor c ;
    public MyAdapter(Context context,Cursor c){
        this.context = context;
        this.c = c;
    }
    @Override
    public int getCount() {
        return c.getCount();
    }

    @Override
    public Object getItem(int position) {
        // TODO Auto-generated method stub
        return null;
    }

    @Override
    public long getItemId(int position) {
        // TODO Auto-generated method stub
        return 0;
    }

    @Override
    public View getView(int position, View convertView, ViewGroup parent) {
        ViewHoller v;
        if(convertView==null){
            v = new ViewHoller();
            convertView = LayoutInflater.from(context).inflate(R.layout.item, null);
            v.mTvID = (TextView)convertView.findViewById(R.id.tvID);
            v.mTvName = (TextView)convertView.findViewById(R.id.tvName);
            v.mTvAmount = (TextView)convertView.findViewById(R.id.tvAmount);
            v.mTvState = (TextView)convertView.findViewById(R.id.tvState);
            v.mTvAddress = (TextView)convertView.findViewById(R.id.tvAddress);
            convertView.setTag(v);
        }else{
            v = (ViewHoller) convertView.getTag();
        }
```

```
        if(c.getCount()!=0){
                if(c.moveToPosition(position)){
                v.mTvID.setText(MyDb.getInstance(context).getID(c));
        v.mTvName.setText(MyDb.getInstance(context).getName(c));
        v.mTvAmount.setText(MyDb.getInstance(context).getMoney(c));
        v.mTvState.setText(MyDb.getInstance(context).getState(c));
        v.mTvAddress.setText(MyDb.getInstance(context).getAddress(c));
                }
        }
        return convertView;
    }

    class ViewHoller{
        TextView mTvID,mTvAmount,mTvState,mTvAddress,mTvName;
    }
}
```

8）运行程序。

任务4　存储摄像头截图内容

本任务使用项目2中任务4的设计界面结果，实现使用高清摄像头拍照后通过WebView控件显示到移动终端。如果用户认为特殊情境的数据需要以图片的形式保存在移动设备中，则可以单击“拍照”按钮把实时图片（见图2-5）保存在SD卡中。

基于物联网的智能农业系统具有先进的传感、通信和数据处理能力，是解决农业发展滞后问题的有效方法。智能农业系统在实时监控技术方面的应用已经很成熟，如同时在温室现场布置摄像头等监控设备，实时采集视频信号。用户通过计算机或手机，随时随地观察现场情况、查看现场温度/湿度等数据和远程智能调节指定设备。现场采集的数据，为农业综合生态信息自动监测，对环境进行自动控制和智能化管理提供了科学依据。

任务目标

1．掌握SD卡对图片数据的读/写方法

2．掌握读/写SD卡文件的步骤

扫码观看本任务操作视频

知识准备

1．实现SD卡对图片数据的读/写

移动设备的拍照功能频率非常高且每个图片需要一定的存储空间，故采用读/写SD卡中的数据可以满足业务的存储要求。SD卡上的图片文件都是通过文件流的方式进行读取的，可以使用在Java面向对象程序设计中的流操作类。读/写SD卡会用到设备环境android. os. Environment工具类。Environment类的常用方法说明见表4-8。

表4-8　Environment类的常用方法说明

方法名称	含义
getDataDirectory()	获取Android中的data目录
getExternalStorgeDirectory()	获取外部存储的目录，一般指SD卡
getDownloadCacheDirectory()	获取下载的缓存目录
getExternalStorageState()	获取外部的存储状态
getRootDirectory()	获取到Android Root目录

2．读/写SD卡的文件的操作步骤

1）首先要判断移动设备中是否存在SD卡，如果存在，则需要对Android系统的SD卡中的文件操作添加使用权限。程序通过调用Environment. getExternalStorageState () 方法的返回值与Environment. MEDIA_MOUNTED比较，如果SD卡存在并且具有操作权限，则返回true。

Environment. getExternalStorageState () . equals (android. os. Environment. MEDIA_MOUNTED) Android中SD卡状态说明见表4-9。

表4-9　SD卡状态说明

属性	含义
MEDIA_MOUNTED	可以进行读写
MEDIA_MOUNTED_READ_ONLY	只可以进行读的操作

2）通过调用Environment. getExternalStorageDirectory () 获取文件绝对路径（即/mnt/sdcard/+文件名），也可以在程序中直接写“/mnt/sdcard/+文件名”这个字符串。

3）获取文件路径后，可使用FileInputStream、FileOutputStream、FileReader、FileWriter 4类方法实现读/写SD卡文件数据。

如果在模拟器中测试使用SD卡，则需要创建SD卡，如图4-7所示。在Android操作系统中操作SD卡需要卡的操作权限，因此在测试应用程序前应该在AndroidManifest. xml配置文件的Permissions选项卡中添加两个用户访问权限，如图4-8所示。

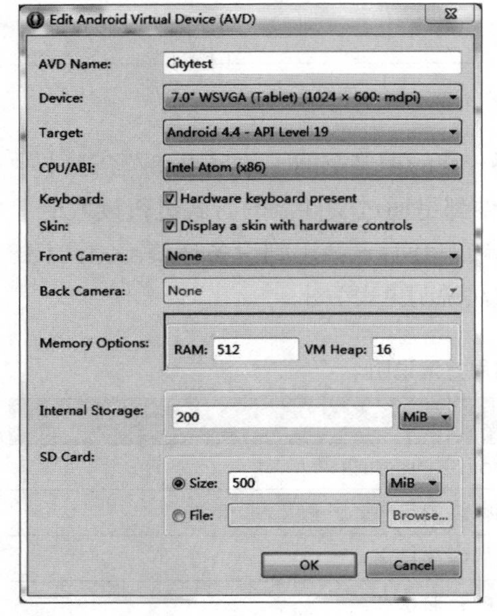

图4-7

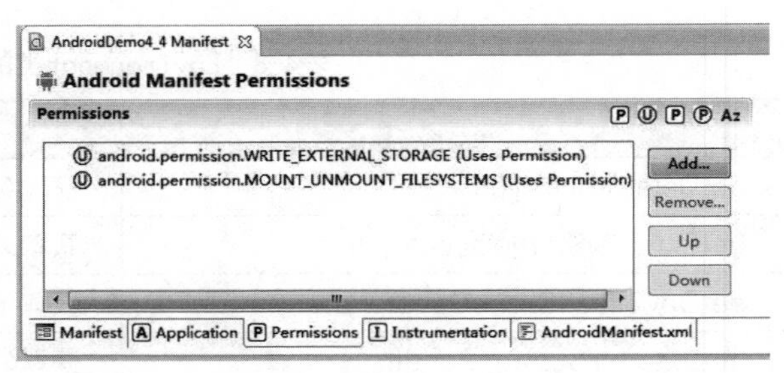

图4-8

- 在SD卡中创建与删除文件的权限：

```
<uses-permission android:name="android.permission.MOUNT_UNMOUNT_FILESYSTEMS"/>
```

- 向SD卡写入数据的权限：

```
<uses-permission android:name="android.permission.WRITE_EXTERNAL_STORAGE" />
```

任务实现

1）创建一个名为AndroidDemo4_3的Android项目，并把项目2中任务4的界面导入到该项目中，如图2-5所示。

2）创建FileService类实现读/写SD卡，文件处理服务。

在编写FileService工具类时需要明确图片存储在“/mnt/sdcard/SnapShotImage”文件夹下。其具体代码如下：

```
/**

 * 文件处理服务
 */
public class FileService {
      /**声明上下文*/
      private Context context;
      /**文件夹名字*/
      private static final String FOLDER_NAME = "/SnapShotImage";
```

```
private static final String TAG = "FileService";

// 构造函数
public FileService(Context context) {
      this.context = context;
}
```

3）保存bitmap到文件。

因为该文件夹在Android系统中不存在，所以需要使用createDir（String filePath）方法创建文件夹。

存储图片文件需要两个数据：文件名称和图片对象，通过方法saveBitmapToSDCard（String filename，Bitmap bmp）实现。其代码如下：

```
/**
      * 保存bitmap到文件
      * @param filename
      * @param bmp
      * @param
      */
      public String saveBitmapToSDCard(String filename, Bitmap bmp) {

            // 文件相对路径
            String fileName = null;
            if (Environment.getExternalStorageState().equals(android.os.
Environment.MEDIA_MOUNTED)) {
                  // 文件保存的路径
                  String fileDir = Environment.getExternalStorageDirectory() + FOLDER_NAME;

                  // 如果文件夹不存在，则创建文件夹
                  if (!createDir(fileDir)) {
                        Log.e(TAG, "创建文件夹失败!");
                  }
                  // 声明文件对象
                  File file = null;
                  // 声明输出流
                  FileOutputStream outStream = null;

                  try {
                        //如果有目标文件，则直接获得文件对象；否则创建一个以filename为名称的文件
                        file = new File(fileDir, filename);
```

```
            // 获得文件相对路径
            fileName = file.toString();
            // 获得输出流，如果文件中有内容，则追加内容
            outStream = new FileOutputStream(fileName);
            if(outStream != null)
    {
        bmp.compress(Bitmap.CompressFormat.PNG, 90, outStream);
        outStream.close();
    }

        } catch (Exception e) {
            Log.e(TAG, e.toString());
        }finally{
            // 关闭流
            try {
                if (outStream != null) {
                    outStream.close();
                }
            } catch (IOException e) {
                Log.e(TAG, e.toString());
            }
        }
    }
    return fileName;
    }
```

4）创建指定路径的文件夹后，返回执行情况true或者false。其代码如下：

```
/**
    * 创建指定路径的文件夹后，返回执行情况 true or false
    * @param filePath
    * @return
    */
    public boolean createDir(String filePath) {
        File fileDir = new File(filePath); // 生成文件流对象
        boolean bRet = true;
        // 如果文件不存在，则创建文件
        if (!fileDir.exists()) {
            // 获得文件或文件夹名称
            String[] aDirs = filePath.split("/");
            StringBuffer strDir = new StringBuffer();
            for (int i = 0; i < aDirs.length; i++) {
```

```
                    // 获得文件上一级文件夹
                    fileDir = new File(strDir.append("/").append(aDirs[i]).toString());
                    // 是否存在
                    if (!fileDir.exists()) {
                        // 不存在创建文件失败返回false
                        if (!fileDir.mkdirs()) {
                            bRet = false;
                            break;
                        }
                    }
                }
            }

            return bRet;
        }

    }
```

5）设置单击按钮事件，使摄像头上下左右转动，捕捉摄像头实时图片并保存。

在项目2中任务4的摄像头监控界面开发的基础上，实现存储摄像头抓拍的照片。捕捉摄像头实时图片应用到了WebView控件。其中使用WebView控件捕捉摄像头图片的captureWebView（WebView webView）方法和摄像头上下左右转动的方法已经给出，实现本任务时直接使用即可。核心具体代码如下：

```
public void myClick(View v){
        switch (v.getId()) {
        case R.id.imgUp:
            stopAll();
            mCameraManager.cameraUp();
            break;
        case R.id.imgDown:
            stopAll();
            mCameraManager.cameraDown();
            break;
        case R.id.imgLeft:
            stopAll();
            mCameraManager.cameraLeft();
            break;
        case R.id.imgRight:
            stopAll();
            mCameraManager.cameraRight();
```

```
                break;
            case R.id.btnCapture:
                //截图后将值赋给mBmp 再进行文件存储
                mBmp = captureWebView(mWebView);
                String s = mFileService.saveBitmapToSDCard(""+System.currentTimeMillis()+".
png", mBmp);
                Toast.makeText(MainActivity.this,"图片保存至"+ s, Toast.LENGTH_SHORT).show();
                break;
            }
    }
```

6）截取WebView快照。其代码如下：

```
/**
     * 截取WebView快照(WebView加载的整个内容的大小)
     * @param webView
     * @return
     */
    private Bitmap captureWebView(WebView webView){
        @SuppressWarnings("deprecation")
        Picture snapShot = webView.capturePicture();

        Bitmap bmp = Bitmap.createBitmap(snapShot.getWidth(),snapShot.getHeight(), Bitmap.
Config.ARGB_8888);
        Canvas canvas = new Canvas(bmp);
        snapShot.draw(canvas);
        return bmp;
    }
```

执行完以上保存图片的代码后，可以通过Device File Explorer选项卡中的mnt/sdcard路径找到该图片文件，右击图片文件，选择“save as”将文件导出到文件系统中，可以查看图片。

7）运行程序。

项目小结

本项目主要介绍了在移动设备中智能应用存储相关技术的基础知识，讲解了移动应用采用SharedPreferences存储配置参数、采用SQLite数据库存储智能商超商品购物信息和SD卡的读/写图片等功能。

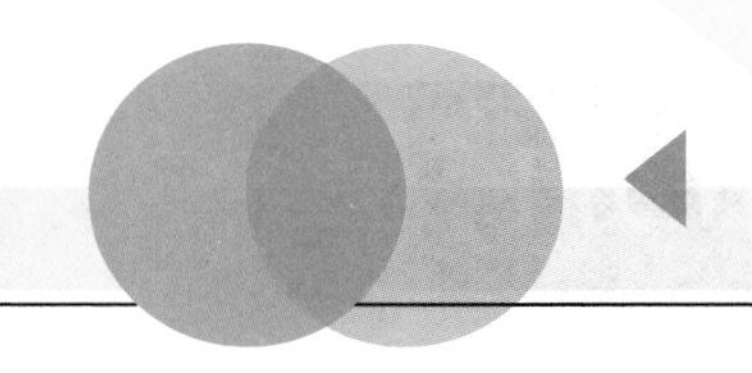

Project 5

项目 5 设备接口调用的实现

学习目标

本项目主要介绍Android使用第三方（新大陆公司）API采集或者控制传感器的实现办法，使读者能够更加便捷、容易地获取所需要的传感器数据或者控制传感器的动作。

本项目的学习要点如下：

- 掌握第三方类库的使用规范。
- 掌握类的方法及其回调处理办法。
- 掌握物联网实训平台传感器的实际安装和使用。

项目目标（见图5-1）

外部API使用 → 传感器API的使用；摄像头API的使用；继电器API的使用

图5-1

任务1　传感器API的使用

本任务使用项目2中任务3的设计界面，利用提供的libuart.so和Analog4150Library.jar两个接口文件，在移动互联终端上实现“社区安防”的业务需求。

首先确认安装设备（如人体红外探测器、烟雾、火焰探测器）已经正确安装，其次确认数字量采集器ADAM4150的RS485转换模块串口已接入移动互联终端COM1，实现使用新大陆公司（简称公司）自定义的Analog4150ServiceAPI 工具类获取传感器数据，从而根据数据判断控制预警信息。

社区安防系统在运行过程中由传感器实时采集社区各个点位的数据，然后根据采集的数据判断出当前点位是否存在异常情况。移动终端的用户只要安装并设置获取数据的具体参数，就可以实时得到社区运行状况，便于在出现异常情况的第一时间做出响应。

任务目标

1．熟悉和使用Analog4150ServiceAPI工具类提供的相关方法

2．掌握使用Analog4150ServiceAPI获取传感器数据的方法

扫码观看本任务操作视频

知识准备

1．Analog4150ServiceAPI简介

公司在设计获取数字量采集器ADAM4150传感器数据时自定义了\armeabi\libuart.so和Analog4150Library.jar两个接口文件。在本任务设计界面（见图2-4）的基础上，只要把这两个目录文件复制到项目工程的\lib目录下即可使用。\armeabi\libuart.so目录文件是自定义的串口操作的文件类，在此不做讲解。在本项目中主要介绍Analog4150ServiceAPI工具类的使用方法。社区安防移动应用设计中通过Analog4150ServiceAPI操作传感器的功能，需要熟悉和使用Analog4150ServiceAPI工具类提供的相关方法，见表5-1。

表5-1　Analog4150ServiceAPI使用说明

方法名称	含义
void closeUart()	关闭串口
int openADAMPort(int com,int mode,int baudRate)	打开串口 com: 串口号0~9 mode: 0表示COM、1表示USB、2表示低频或超高频 baudRate:(0~9）波特率 0=1200 1=2400 2=4800 3=9600 4=19 200 5=38 400 6=57 600 7=115 200 8=230 400 9=921 600
void getFire(String tag, OnFireResponse valueResponse)	获取火焰数据 tag：该回调方法的唯一标示符，输入同样回调会被覆盖 valueResponse 数据回调类
void getPerson(String tag, OnFireResponse valueResponse	获取人体数据 tag：该回调方法的唯一标示符，输入同样回调会被覆盖 valueResponse 数据回调类
void getSmoke(String tag, OnFireResponse valueResponse)	获取烟雾数据 tag：该回调方法的唯一标示符，输入同样回调会被覆盖 valueResponse 数据回调类
void send4150	数字量采集命令，要更新值时需再次发送
void sendCMD(int com, char[])	发送继电器命令 com 串口编号，cmd 继电器命令
void sendRelayControl(char[] cmd)	发送继电器命令，cmd 继电器命令
Analog4150ServiceAPI()	构造函数

2. 使用Analog4150ServiceAPI获取传感器数据

使用Analog4150ServiceAPI获取传感器数据值的步骤如下:

```
打开串口；
Analog4150ServiceAPI.openPort(com, mode, baudRate)
获取传感器数据（以获取人体传感器数据为例）；
        Analog4150ServiceAPI.getFire("fire", new OnFireResponse() {
            @Override
            public void onValue(String arg0) {
                Log.e("cjl", arg0);
            }
            @Override
            public void onValue(boolean arg0) {
                reFire = arg0;
            }
        });
```

发送继电器控制指令；

```
Analog4150ServiceAPI.sendRelayControl(open1Fen);
```

这里列出了定义两个风扇的开关命令。

```
private final char[] open1Fen = { 0x01, 0x05, 0x00, 0x10, 0xFF, 0x00, 0x8D,0xFF };
private final char[] close1Fen = { 0x01, 0x05, 0x00, 0x10, 0x00, 0x00,0xCC, 0x0F };
private final char[] open2Fen = { 0x01, 0x05, 0x00, 0x11, 0xFF, 0x00, 0xDC,0x3F };
private final char[] close2Fen = { 0x01, 0x05, 0x00, 0x11, 0x00, 0x00,0x9D, 0xCF };
```

关闭串口；

```
Analog4150ServiceAPI.closeUart()
```

任务实现

1）创建一个名为AndroidDemo8_1的Android项目，并把项目2中任务3的界面导入到该项目中，如图2-4所示。

2）根据项目2中任务3的界面设计结果，熟悉res/layout/activity_main.xml界面元素的相关设置，并在Activity中实现界面控件的初始化。

应用程序初始化的Activity会实例化界面上的所有控件，这里把界面的控件初始化存放在initView()中，并在MainActivity的onCreate(Bundle savedInstanceState)方法中调用initView()。详细代码见示例AndroidDemo4_1\src\com\example\androiddemo4_1\MainActivity.java。界面初始化具体代码如下：

```
protected void onCreate(Bundle savedInstanceState) {
      super.onCreate(savedInstanceState);
      setContentView(R.layout.activity_main);
      initView();//初始化控件
  }
      private void initView() {
              //通过findViewById找到控件强制转换成相应类型并赋值
              mTvPerson = (TextView)findViewById(R.id.tvPerson);
              mTvFire = (TextView)findViewById(R.id.tvFire);
              mImgFire = (ImageView)findViewById(R.id.imgFire);
}
```

3）在src文件夹中建立BasePort.java文件实现打开和关闭串口功能。

设计操作串口的基类BaseProt，它具有使用Analog4150ServiceAPI工具类打开和关闭串口的功能。其具体代码如下：

```
package com.example.androiddemo5_1;
```

```
import com.example.analoglib.Analog4150ServiceAPI;

public class BasePort {

    /**
     * 打开ADAM4150串口
     * @param com 串口号 如COM0 COM1 COM2
     * @param mode 区分是 USB 串口还是 COM 串口,0 表示 COM,
          1 表示 USB,2 表示是低频或超高频
     * @param baudRate (0-9)波特率 0=1200 1=2400 2=4800 3=9600 4=19 200 5=38 400 6=
57 600 7=115 200 8=230 400 9=921 600
     * @return 串口句柄
     */
     public int openADAMPort(int com,int mode,int baudRate){
             return Analog4150ServiceAPI.openPort(com, mode, baudRate);
     }

     /**
      * 关闭ADAM4150串口
      */
     public void closeADAMPort(){
           Analog4150ServiceAPI.closeUart();
     }
}
```

4）在src文件夹中新建类ADAM4150. java继承自定义的BasePort类，定义开关风扇的命令。

设计ADAM4150. java类继承BasePort类，使用Analog4150ServiceAPI工具类操作传感器。其具体代码如下：

```
public class ADAM4150 extends BasePort{
    // 定义开关风扇命令,这些命令在传感器协议被定义，如果需要了解详细解析请浏览协议文档
    private final char[] open1Fen = { 0x01, 0x05, 0x00, 0x10, 0xFF, 0x00, 0x8D,0xFF };
    private final char[] close1Fen = { 0x01, 0x05, 0x00, 0x10, 0x00, 0x00,0xCC, 0x0F };
    private final char[] open2Fen = { 0x01, 0x05, 0x00, 0x11, 0xFF, 0x00, 0xDC,0x3F };
    private final char[] close2Fen = { 0x01, 0x05, 0x00, 0x11, 0x00, 0x00,0x9D, 0xCF };
```

5）创建ADAM4150类的构造方法，并实现对人体传感器与火焰传感器的实时取值，并用get方法返回。其具体代码如下：

```
    public static int mADAM4150_fd = 0;
    private boolean rePerson;
    private boolean reFire;
```

```
public ADAM4150 (int com,int mode,int baudRate){
        //打开串口
        mADAM4150_fd = openADAMPort(com, mode, baudRate);
    ReceiveThread mReceiveThread = new ReceiveThread();
    mReceiveThread.start();
            //设置人体回调函数，人体传感器接入DI0
    Analog4150ServiceAPI.getPerson("person", new OnPersonResponse() {

                @Override
                public void onValue(String arg0) {
                        Log.e("cjl", arg0);
                }
                @Override
                public void onValue(boolean arg0) {
                        //在这里，真为无人，假为有人
                        rePerson = !arg0;
                }
        });
    Analog4150ServiceAPI.getFire("fire", new OnFireResponse() {
                @Override
                public void onValue(String arg0) {
                        Log.e("cjl", arg0);
                }
                @Override

                public void onValue(boolean arg0) {
                        reFire = arg0;
                }
        });
}
/**
 * 获取人体
 * @return 人体值 true 为有人，false 为无人
 */
public boolean getPerson(){
        return rePerson;
}
/**
 * 获取火焰
 * @return 火焰值 true 为有火，false 为无火
 */
```

```
    public boolean getFire(){
        return reFire;
    }
```

6）实现打开与关闭风扇功能。其具体代码如下：

```
//打开1风扇
    public void openFan1(){
Analog4150ServiceAPI.sendRelayControl(open1Fen);
    }
    //打开2风扇
    public void openFan2(){
Analog4150ServiceAPI.sendRelayControl(open2Fen);
    }
    //关闭1风扇
    public void closeFan1(){
Analog4150ServiceAPI.sendRelayControl(close1Fen);
    }
    //关闭2风扇
    public void closeFan2(){
Analog4150ServiceAPI.sendRelayControl(close2Fen);
    }
}
```

7）完善MainActivity.java类。

编写完全部的串口操作的工具类后，在MainActivity.java类中添加由多线程逻辑控制界面的改变。具体代码如下：

```
public class MainActivity extends AppCompatActivity {

    private TextView mTvPerson,mTvFire;
    private ImageView mImgFire;
    private ADAM4150 mAdam4150;

    @Override
    protected void onCreate(Bundle savedInstanceState) {
        super.onCreate(savedInstanceState);
        setContentView(R.layout.activity_main);
    initView();
    }
    private void initView() {
            mTvPerson = (TextView)findViewById(R.id.tvPerson);
            mTvFire = (TextView)findViewById(R.id.tvFire);
            mImgFire = (ImageView)findViewById(R.id.imgFire);
```

```
            mAdam4150 = new ADAM4150(1, 0, 3);
            mHandler.postDelayed(mRunnable, ms);
    }
    private int ms = 300;//每300ms运行一次
  //声明一个Handler对象
   private Handler mHandler = new Handler();
   //声明一个Runnable对象
      private Runnable mRunnable = new Runnable() {
            @Override
            public void run() {
                  //设置多少秒后执行
                  mHandler.postDelayed(mRunnable, ms);
                  //如果为真，则显示有人，反之显示无人
                  mTvPerson.setText(mAdam4150.getPerson()? "有人":"无人");
                  mTvFire.setText(mAdam4150.getFire()? "有火":"无火");
                  //如果为真，则设置火焰图片，反之隐藏火焰图片
                  if(mAdam4150.getFire()){
                        mImgFire.setVisibility(View.VISIBLE);
                  }else{
                        mImgFire.setVisibility(View.GONE);
                  }
                  //发送ADAM4150请求
               Analog4150ServiceAPI.send4150();
            }
        };}
```

8）运行程序。

任务2　摄像头API的使用

本任务使用项目2中任务4的设计界面（见图2-5），利用提供的libuart.so（串口驱动程序）和cameralib.jar两个接口文件，在移动互联终端上实现“视频监控”的业务需求。

首先确认设备摄像头已经正确安装，其次确认移动终端的IP地址已经与无线路由在同一个IP段内，实现使用新大陆公司自定义的CameraManager工具类获取摄像头数据，从而控制摄像头的图像获取区域。

社区安防在社区日常管理中除了传感器预警以外，视频监控也是重要一环。在最近十几年中，视频监控的应用范围越来越广，形式也越来越多样化。视频监控系统就是利用计算机视觉技术对摄像头采集的视频信息进行处理、分析和理解，判断场景信息中感兴趣的区域是否有

运动目标，然后进行图像的采集、显示和存储。

掌握使用CameraManager工具类获取摄像头数据的方法。

扫码观看本任务操作视频

1. Analog4150ServiceAPI简介

新大陆公司在设计操作摄像头传感器数据时定义了cameralib.jar类库，另外还需使用\armeabi\libuart.so接口文件。在本任务设计界面的基础上，只要把这两个目录文件复制到项目工程的\lib目录下即可使用。在本项目中主要介绍类库中的CameraManager.java工具类的使用方法。视频监控移动应用设计中通过CameraManager操作传感器，所以需要熟悉和使用CameraManager工具类提供的相关方法。CameraManager使用说明见表5-2。

表5-2 CameraManager使用说明

方法名称	含义
CameraManager getInstance()	获取操作摄像头实例对象
CameraManager()	构造函数
void startCamera(String ip, WebView webView)	开启摄像头 ip：摄像头IP地址，WebView图像输出控件
void stopCamera()	关闭摄像头
void cameraUp()	向上转动摄像头
void cameraDown()	向下转动摄像头
void cameraLeft()	向左转动摄像头
void cameraRight()	向右转动摄像头
void cameraStopUp()	停止向上转动摄像头
void cameraStopDown()	停止向下转动摄像头
void cameraStopLeft()	停止向左转动摄像头
void cameraStopRight()	停止向右转动摄像头

2. 使用CameraManager操作摄像头的步骤

1）获取摄像头实例对象：

```
CameraManager mCameraManager = CameraManager.getInstance();
```

2）打开摄像头：

```
mCameraManager.startCamera("192.168.14.100:81", mWebView);
```

3）控制摄像头方向：

```
mCameraManager.cameraUp();
mCameraManager.cameraDown();
mCameraManager.cameraLeft();
mCameraManager.cameraRight();
mCameraManager.cameraStopUp();
mCameraManager.cameraStopDown();
mCameraManager.cameraStopLeft();
mCameraManager.cameraStopRight();
```

4）获取摄像头图片：

```
Picture snapShot = webView.capturePicture();
Bitmap bmp = Bitmap.createBitmap(snapShot.getWidth(),snapShot.getHeight(), Bitmap.Config.
ARGB_8888);
Canvas canvas = new Canvas(bmp);
snapShot.draw(canvas);
```

5）关闭摄像头连接：

```
mCameraManager.stopCamera
```

任务实现

1）创建一个名为AndroidDemo8_1的Android项目，并把项目2中任务4的界面导入到该项目中，如图2-5所示。

2）界面控件的初始化。

根据项目2中任务4的界面设计结果，熟悉res/layout/activity_main. xml界面元素的相关设置，并在Activity中实现界面控件的初始化。

应用程序初始化的Activity会实例化界面上的所有控件，这里把界面的控件和摄像头初始化存放在initView()中，并在MainActivity的onCreate(Bundle savedInstanceState)方法中调用initView()。详细代码见示例MainActivity. java。界面初始化具体代码如下：

```
private void initView() {
        mWebView = (WebView)findViewById(R.id.webView1);
        mCameraManager = CameraManager.getInstance();
        //这里填写摄像头IP和端口，以及将要显示的 WebView
mCameraManager.startCamera("192.168.14.100:81", mWebView);
}
```

3）设置单击按钮事件，完善摄像方向的控制。

当视频监控应用程序已经连接到摄像头后，单击上、下、左、右4个按钮，程序将调用摄像头的CameraManager工具类操作指定的方向。其具体代码如下：

```
// 单击事件
    public void myClick(View v){
            switch (v.getId()) {
            case R.id.imgUp:
                    stopAll();
                    mCameraManager.cameraUp();
                    break;
            case R.id.imgDown:
                    stopAll();
                    mCameraManager.cameraDown();
                    break;
            case R.id.imgLeft:
                    stopAll();
                    mCameraManager.cameraLeft();
                    break;
            case R.id.imgRight:
                    stopAll();
                    mCameraManager.cameraRight();
                    break;
            }
    }
    public void stopAll(){

            if(mCameraManager!=null){
                    mCameraManager.cameraStopUp();
                    mCameraManager.cameraStopDown();
                    mCameraManager.cameraStopLeft();
                    mCameraManager.cameraStopRight();
            }
```

4）获取WebView快照。其代码如下：

```
/**
     * 截取WebView快照(WebView加载的整个内容的大小)
     * @param webView
     * @return
     */
    @SuppressWarnings("unused")
    private Bitmap captureWebView(WebView webView){
            @SuppressWarnings("deprecation")
            Picture snapShot = webView.capturePicture();
```

```
            Bitmap bmp = Bitmap.createBitmap(snapShot.getWidth(),snapShot.getHeight(), Bitmap.
Config.ARGB_8888);
            Canvas canvas = new Canvas(bmp);
            snapShot.draw(canvas);
            return bmp;
        }
    }
```

5）运行程序。

任务3　继电器API的使用

本任务使用项目2中任务8的设计界面（见图2-9），利用提供的libuart.so(串口驱动程序)和Analog4150Library.jar两个接口文件，在移动互联终端上实现温室大棚的业务需求。

首先确认设备继电器和风扇已经正确安装，其次确认移动终端的IP地址已经与无线路由在同一个IP段内，实现使用新大陆公司自定义的Analog4150ServiceAPI工具类发送控制继电器口令，从而控制风扇的开关。

智能设备在传统农业领域的应用面越来越广泛，如智能大棚、温室等应用已经普及到新型农业科技园区。本任务将模拟智能农业系统远程控制风扇的开关，即通过继电器远程控制风扇的开关。

任务目标

掌握使用Analog4150ServiceAPI工具类发送控制继电器口令，从而控制风扇的开关的方法。

扫码观看本任务操作视频

知识准备

在项目5任务1中使用Analog4150ServiceAPI工具类操作传感器获取人体和火焰的数据，继而根据实际数据判断显示不同的提示信息。通过表5-1可以熟悉Analog4150ServiceAPI发送继电器指令的方法是Analog4150ServiceAPI.sendRelayControl(char[]　cmd)，故本任务知识内容可参照项目5任务1中的知识点。

任务实现

1）创建一个名为AndroidDemo8_1的Android，并把项目2中任务8的界面导入该项目中，如图5-2所示。

图5-2

2）界面控件的初始化和继电器串口初始化。

根据项目2中任务8的界面设计结果，熟悉res/layout/activity_main. xml界面元素的相关设置，并在Activity中实现界面控件的初始化。

应用程序初始化的Activity会实例化界面上的所有控件，这里把界面的控件和继电器串口初始化存放在initView()中，并在MainActivity的onCreate(Bundle savedInstanceState)方法中调用initView()。详细代码见示例MainActivity. java。其代码如下：

```
public class MainActivity extends AppCompatActivity {

    private ImageView wallFan;
    private ImageView door;
    private AnimationDrawable fanAnim = null;
    private AnimationDrawable doorAnim = null;
    private boolean fanIsRun = false;
    private boolean doorIsOpen = false;
  //继电器控制命令控制DO1
    private char[] openDO0 = {0x01,0x05,0x00,0x10,0xFF,0x00,0x8D,0xFF};
    private char[] closeDO0 = {0x01,0x05,0x00,0x10,0x00,0x00,0xCC,0x0F};


    @Override
    protected void onCreate(Bundle savedInstanceState) {
```

```
        super.onCreate(savedInstanceState);
        setContentView(R.layout.activity_main);
        initView();
        initListener();
    }

    /**
     * 初始化视图
     */
    public void initView() {
        wallFan = (ImageView) findViewById(R.id.wall_fan);
        door = (ImageView) findViewById(R.id.door);
        //打开串口
        Analog4150ServiceAPI.openPort(1, 0, 3);
    }
```

3）初始化监听事件——设置单击按钮事件控制风扇的开关。其代码如下：

```
    /**
     * 初始化监听事件
     */
    public void initListener() {

        // 风扇
        wallFan.setOnClickListener(new OnClickListener() {

            @Override
            public void onClick(View v) {
        //注：在这里命令为开启DO0，故如需正确控制，请将风扇继电器接入DO0

                fanAnim = (AnimationDrawable) wallFan.getBackground();
                if (!fanIsRun) {
                    Analog4150ServiceAPI.sendRelayControl(openDO0);
                    fanAnim.start();
                    fanIsRun = true;
                } else {
    Analog4150ServiceAPI.sendRelayControl(closeDO0);
                    fanAnim.stop();
                    fanIsRun = false;
                }
            }

        });
```

4）初始化监听事件——设置单击按钮事件控制门的开关。其代码如下：

```
// 门
        door.setOnClickListener(new OnClickListener() {

                @Override
                public void onClick(View v) {
                        if (!doorIsOpen) {
                                System.out.println("打开");
door.setBackgroundResource(R.anim.door_open);
                                        doorAnim = (AnimationDrawable) door.getBackground();
                                        doorAnim.start();
                                        doorIsOpen = true;
                                } else {
                                        System.out.println("关闭");
door.setBackgroundResource(R.anim.door_close);
                                        doorAnim = (AnimationDrawable) door.getBackground();
                                        doorAnim.start();
                                        doorIsOpen = false;
                        }

                }
        });

    }
}
```

5）运行程序。

项目小结

本项目主要介绍了使用数字量采集器ADAM4150获取传感器采集的数据和控制继电器开关，使用摄像头采集实时图像并控制摄像头的拍摄角度等外部API功能。

Project 6

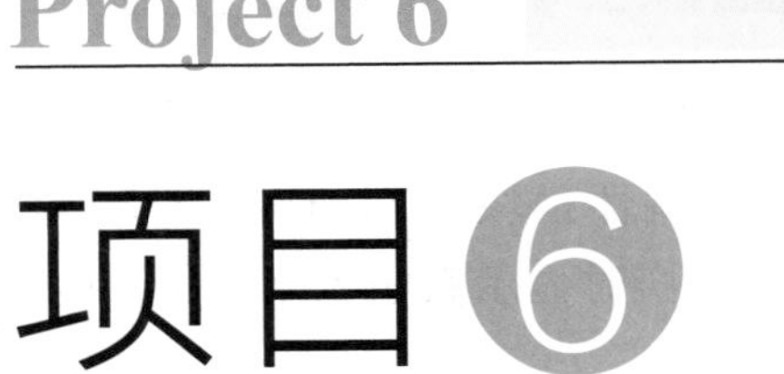

界面数据更新的实现

学习目标

本项目主要介绍采用Android多线程编程更新UI界面的常用方法，需要在Java面向对象编程中深入理解进程与线程的概念区别，深入理解异步线程在Android移动应用开发中的使用规范。

本项目的学习要点如下：

- Handler-Message消息处理机制。
- 多线程编程在Android移动中的应用。
- UI界面线程更新的方法。
- 进程与线程的区别。

项目目标（见图6-1）

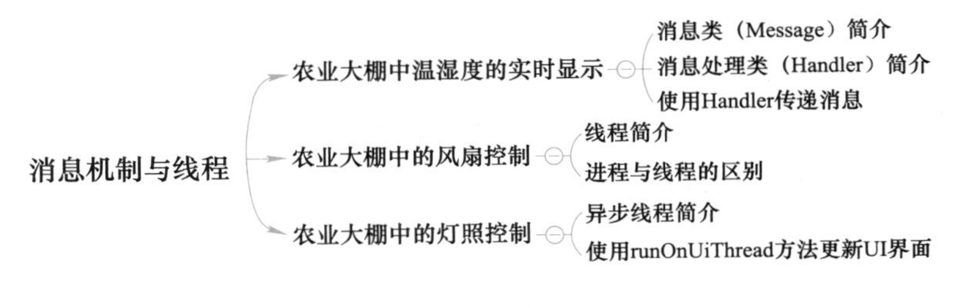

图6-1

任务1　农业大棚中温湿度的实时显示

智能农业系统中的环境数据以无线传感器技术为基础，实现对农业生产环境的监测和逻辑控制。在本任务中，需要使用ZigBee协调器模块、ZigBee继电器模块、ZigBee各类传感器，通过采用高灵敏度的传感器，实时显示农业大棚中的温度、湿度和光照数据。

任务目标

1．掌握消息类（Message）的应用

2．掌握消息处理类（Handler）的应用

扫码观看本任务操作视频

知识准备

1．消息类（Message）简介

当Android平台启动一个应用程序时会开启一个主线程（界面UI线程），由界面UI线程来管理显示的所有控件，并监听用户单击事件，来响应用户并分发事件等。因此，在界面UI线程中一般不执行耗时的操作，如联网下载数据等，否则会出现ANR错误。所以通常将这些操作放在子线程中，但是由于AndroidUI线程是不安全的，因此只能在主线程中更新UI。

正如其他GUI应用程序一样，Android应用程序也是消息（事件）驱动的。这种消息的传递必须依赖于应用框架提供的消息机制。Android本身提供了两种消息机制：组件间消息传递（Intent）和线程间消息传递（Message）。在此主要讨论Android线程间消息传递的机制及应用。

Android. os. Message是定义一个Message必须包含的描述和属性数据，并且该对象可以被发送给Android. os. Handler处理。属性字段有arg1、arg2、what、obj、replyTo等。其中，arg1和arg2是用来存放整型数据的，what是用来保存消息标示的，obj是Object类型的任意对象，replyTo是消息管理器，会关联到一个Handler，Handler处理其中的消息。通常Message对象不是直接更新出来的，要调用Handler中的obtainMessage方法，才可以直接获得Message对象。Message常用方法模式见表6-1。

表6-1　Message常用方法模式

方法名称	含义
Message()	构造一个新的Message对象
Message obtain ()	从全局池中返回一个新的Message实例

Message可以理解为线程间交流的信息，处理数据后台线程需要更新UI，因此发送的Message内含一些数据给UI线程。在单线程模型下，为了解决类似的问题，Android设计了一个Message Queue（消息队列），线程间可以通过该Message Queue并结合Handler和Looper组件进行信息交换。一个Message对象含有表6-2所对应的属性。

表6-2　Message对象所对应的属性

属性	类型	描述
arg1	int	用来存放整型数据
arg2	int	用来存放整型数据
obj	Object	用来存放发送给接收器的Object类型的任意对象
replyTo	Messenger	用来指定该Message发送到何处的可选Messager对象
what	int	用于指定用户自定义的消息代码，这样接收者可以了解这个消息

2．消息处理类（Handler）简介

在使用Handler处理消息时，Handler一般会发挥两个作用：①在新线程中发送消息；②在主线程（界面线程）中获取并处理消息。在实际的程序开发中，Handler类为开发人员提供了便捷的开发策略，在新线程（可以是多个新线程）中编写消息发送的功能代码，在主线程中统一接收、识别并处理。这就解决了何时发送何时处理的问题。设计智能农业移动应用的相关业务参数，需要熟悉和使用Handler类的相关方法。Handler类常用方法见表6-3。

表6-3　Handler类常用方法

方法名称	含义
void　handleMessage(Message msg)	主线程处理消息的方法
boolean　hasMessages(int what, Object object)	检查消息队列是否包含what属性，object属性是否为指定对象的消息
final boolean　hasMessages(int what)	检查消息队列是否包含有what属性的消息
final Message　obtainMessage()	获取消息
final boolean　post(Runnable r)	将一个线程添加到消息队列
final boolean　postDelayed(Runnable r, long delayMillis)	将一个线程延迟毫秒后添加到消息队列
final boolean　sendMessage(Message msg)	立即发送消息
final boolean　sendMessageDelayed(Message msg, long delayMillis)	延迟毫秒后发送消息

在开发移动应用程序时，开发人员只需要重写Handler类中的处理消息的handle Message（Message msg）方法，每当新线程使用sendMessage（Message msg）发送消

息时，Handler类会自动回调handleMessage（Message msg）的逻辑代码。

3．使用Handler传递消息

使用Handler-Message的消息传递机制更新主线程UI的步骤如下：

1）在主线程Activity中创建Handler对象，并重写handleMessage（Message msg）方法。

```
Handler mHandler = new Handler(){
    public void handleMessage(android.os.Message msg) {
        switch (msg.what) {
            case 0: //对温度值进行操作
            break;
            case 1: //对湿度值进行操作
            break;
            case 2: //对光照值进行操作
            break;
            }
    };
};
```

2）在新线程中使用主线程创建的Handler对象，调用它的发送消息方法向主线程发送消息。

```
Message mMsg = new Message();//创建Message对象
mMsg.obj = 0;//设置mMsg的传输值
mMsg.what = ISTEMP; //设置mMsg的类型
mHandler.sendMessage(mMsg); //通过构造函数传入的Handler发送Message
```

3）利用Handler对象的handleMessage（Message msg）方法接收消息，然后根据obj的不同取值执行不同的业务逻辑（代码见步骤1）。

1）创建一个名为AndroidDemo6_1的Android项目，将项目2中任务8的界面导入到该项目中。

2）在src/com. example. androiddemo6_1包中，新建一个类BasePort. java，用于打开ZigBee的4个输入串口，定义openZigBeePort方法，打开ZigBee的端口，代码如下：

```
public class BasePort {

    /**
     * 打开ZigBee的4个输入串口
```

```
     * @param com 串口号 如COM0、COM1、COM2
     * @param mode 区分是 USB 串口还是 COM 串口,0 表示 COM,
        1 表示 USB,2 表示是低频或超高频
    * @param baudRate (0–9)波特率 0=1200 1=2400 2=4800 3=9600 4=19 200 5=38 400 6=57 600
7=115 200 8=230 400 9=921 600
     * @return 串口句柄
     */
    public int openZigBeePort(int com,int mode,int baudRate){
        ZigBeeAnalogHelper.com =ZigBeeAnalogServiceAPI.openPort(com, mode, baudRate);
        return ZigBeeAnalogHelper.com;
    }
```

3）新建closeZigBeePort()方法用于4个输入串口的关闭。其代码如下：

```
/**
     * 关闭ZigBee的4个输入串口
     */
    public void closeZigBeePort(){
        ZigBeeAnalogServiceAPI.closeUart();
    }
```

4）在src/com.example.androiddemo6_1包中，再新建一个类FourInput.java继承BasePort.java类，定义3个整型的变量ISTEMP、ISHUMI、ISLIGHT，分别代表温度、湿度和光照感应，初始值分别为0、1、2；定义Handler类的对象mHandler，初始值为null；定义mFourInput_fd变量，初始值为 0。其代码如下：

```
public class FourInput extends BasePort {
    private final int ISTEMP = 0;
    private final int ISHUMI = 1;
    private final int ISLIGHT = 2;
    private Handler mHandler = null;
    public static int mFourInput_fd = 0;
```

5）在重写的FourInput()方法中，利用Handler实现对页面的更新，将打开4个端口获得的温度、湿度和波特率的值赋给变量mFourInput_fd，代码如下：

```
public FourInput (int com,int mode,int baudRate,Handler handler){
        this.mHandler = handler;
        mFourInput_fd = openZigBeePort(com, mode, baudRate);
    }
```

6）在重写的start方法中，创建ZigBeeService的对象，并对其进行实例化，且开启服务。利用ZigBeeAnalogServiceAPI的getTemperature方法更新温度信息。其代码如下：

```
    ZigBeeAnalogServiceAPI.getTemperature("temp", new OnTemperatureResponse() {
                @Override
```

```
                public void onValue(String arg0) {
                    //创建Message对象
                    Message mMsg = new Message();
                    //设置mMsg的传输值
                    mMsg.obj = arg0;
                    //设置mMsg的类型
                    mMsg.what = ISTEMP;
                    //通过构造函数传入的Handler发送Message
                    mHandler.sendMessage(mMsg);
                }
                @Override
                public void onValue(double arg0) {
                }
            });
```

7）在重写的start方法中，创建ZigBeeService的对象，并对其进行实例化，且开启服务。利用ZigBeeAnalogServiceAPI的getHum方法更新湿度的值。其代码如下：

```
ZigBeeAnalogServiceAPI.getHum("humi", new OnHumResponse() {

            @Override
            public void onValue(String arg0) {
                // TODO Auto-generated method stub
                //创建Message对象
                Message mMsg = new Message();
                //设置mMsg的传输值
                mMsg.obj = arg0;
                //设置mMsg的类型
                mMsg.what = ISHUMI;
                //通过构造函数传入的Handler发送Message
                mHandler.sendMessage(mMsg);
            }

            @Override
            public void onValue(double arg0) {
            }
        });
```

8）在重写的start方法中，创建ZigBeeService的对象，并对其进行实例化，且开启服务。利用ZigBeeAnalogServiceAPI的getLight方法更新光照的值。其代码如下：

```
ZigBeeAnalogServiceAPI.getLight("light", new OnLightResponse() {
            @Override
```

```
            public void onValue(String arg0) {

                //创建Message对象
                Message mMsg = new Message();
                //设置mMsg的传输值
                mMsg.obj = arg0+"Lux";
                //设置mMsg的类型
                mMsg.what = ISLIGHT;
                //通过构造函数传入的Handler发送Message
                mHandler.sendMessage(mMsg);
            }

            @Override
            public void onValue(double arg0) {
            }
        });
    }}
```

9）在MainActivity.java中，定义TextView类的3个对象mTvTemp、mTvHumi、mTvLight，以及FourInput类的对象mFourInput（初始值为null）。其代码如下：

```
private TextView mTvTemp,mTvHumi,mTvLight;
    private FourInput mFourInput =null;
```

10）在重写的onCreate方法中，调用initView()方法（需自定义），对视图进行初始化，将4个输入串口接入 COM1，并开启4个输入串口。其代码如下：

```
protected void onCreate(Bundle savedInstanceState) {
        super.onCreate(savedInstanceState);
        setContentView(R.layout.activity_main);
        initView();
    }
```

注：initView()方法定义代码如下：

```
public void initView() {
        mTvTemp = (TextView)findViewById(R.id.tvTemp);
        mTvHumi = (TextView)findViewById(R.id.tvHumi);
        mTvLight = (TextView)findViewById(R.id.tvLight);
        //打开串口 将4个输入串口接入 COM1
        mFourInput = new FourInput(1, 0, 5, mHandler);
        mFourInput.start();
    }
```

11）创建Handler类的对象mHandler并对其进行初始化，在handleMessage方法中使用handleMessage处理接收到的msg，代码如下：

```
Handler mHandler = new Handler(){
    public void handleMessage(android.os.Message msg) {
            //使用handleMessage 处理接收到的msg
            String data = (String) msg.obj;
            switch (msg.what) {
                case 0: //温度
                        //对温度值进行操作
                mTvTemp.setText("温度感应:"+data);
                    break;

                case 1://湿度
                mTvHumi.setText("湿度感应:"+data);
                        //对湿度值进行操作
                        break;

                case 2://光照
                        mTvLight.setText("光照感应:"+data);
                        //对光照值进行操作
                        break;
                }
        };
    };
```

12）运行效果如图6-2所示。

图6-2

任务2　农业大棚中的风扇控制

本任务使用项目2中任务8的设计界面（见图2-9），使用消息发送—接收机制实现在获取的传感器温度超出系统设定的临界值后，风扇会自动转动的功能。在项目6任务1的基础上，利用Handler消息传递机制来实现本功能。

任务目标

1. 掌握创建及开启线程的方法
2. 掌握让线程休眠的方法
3. 掌握进程与线程的区别

扫码观看本任务操作视频

知识准备

1. 线程简介

在现实生活中，很多事情都是同时进行的。对于这种可以同时进行的任务，在Android中可以用线程来表示，每个线程完成一个任务，并与其他线程同时执行，这种机制称为多线程。下面介绍如何创建线程、开启线程、让线程休眠和中断线程。

（1）创建线程

在Android中，提供了以下两种创建线程的方法：

- 需要从Java. lang. Thread类中派生一个新的线程类，重载它的run () 方法。
- 实现Runnable接口，重载Runnable接口中的run () 方法。

1）通过Thread类的构造方法创建线程：

Thread（Runnable runnable）

该构造方法的参数runnable可以通过创建一个Runnable类的对象并重写其run () 方法来实现。例如，要创建一个名称为thread的线程，可以使用下面的代码：

```
Thread thread=new Thread(new Runnable() {
            @Override
            public void run() {
                // TODO Auto-generated method stub
            }
        });
```

2）通过实现Runnable接口创建线程。

在Android中，还可以通过实现Runnable接口来创建线程。实现Runnable接口的语法格式如下：

```
public class ClassName extends Object implements Runnable
```

当一个类实现Runnable接口后，还需要实现其run()方法，在run()方法中，可以编写要执行的操作代码。

要创建一个实现Runnable接口的Activity，可以使用下面的代码：

```
public class MainActivity extends AppCompatActivity implements Runnable {

    @Override
    protected void onCreate(Bundle savedInstanceState) {
        // TODO Auto-generated method stub
        super.onCreate(savedInstanceState);
        setContentView(R.layout.main);
    }

    @Override
    public void run() {
        // TODO Auto-generated method stub
    }
}
```

（2）开启线程

当线程成功创建后，还需要开启线程，这样线程才能执行。Thread类利用start()方法开启线程，其语法格式如下：

```
start()
```

（3）让线程休眠

当线程在某种情况下需要暂停执行时，Thread类利用sleep()方法让线程休眠指定的时间。sleep()方法的语法格式如下：

```
sleep(long time)  //括号中的参数为指定休眠的时间，单位为ms
```

（4）中断线程

当线程在某种情况下需要中断执行时，可以使用Thread类提供的interrupt()方法来实现。其具体语法格式如下：

```
Interrupt()  //括号中的参数为指定中断的时间，单位为ms
```

2．进程与线程的区别

（1）进程基本知识

当一个程序第一次启动时，Android会启动一个Linux进程和一个主线程。默认情况下，所有该程序的组件都将在该进程和线程中运行，同时Android会为每个应用程序分配一个单独的Linux用户。Android会尽量保留一个正在运行的进程，在内存资源出现不足时，

Android会尝试停止一些进程从而释放足够的资源给其他新的进程，保证用户正在访问的当前进程有足够的资源去及时地响应用户的事件。

可以将一些组件运行在其他进程中，并且可以为任意的进程添加线程。组件运行在哪个进程中是在manifest文件里设置的，其中<Activity><Service><receiver>和<provider>都有一个process属性来指定该组件运行在哪个进程之中。可以设置这个属性，使得每个组件运行在它们自己的进程中，或者几个组件共享一个进程，或者不共享。<application>元素也有一个process属性，用来指定所有组件的默认属性。

Android的所有组件都是在指定进程的主线程中实例化的，对组件的系统调用也是由主线程发出的，每个实例不会建立新的线程。对系统调用进行响应的方法都是运行在这个主线程中的，如负责执行用户动作的View. onKeyDown()和组件的生命周期函数。这意味着当系统调用这个组件时，这个组件不能长时间地阻塞主线程。例如，进行网络操作时或者更新UI时，如果运行时间较长，就不能直接在主线程中运行，因为这样会阻塞这个进程中其他的组件，可以将这样的组件分配到新建的线程中或者其他的线程中运行。

Android会根据进程中运行的组件类别以及组件的状态来判断该进程的重要性，Android会停止那些不重要的进程。按照重要性从高到低一共有以下5个级别。

1）前台进程：用户当前正在使用的进程。

如果有以下情形，那么就是前台进程：

① 这个进程运行着一个正在和用户交互的Activity（这个Activity的onResume()方法被调用）。

② 这个进程里有绑定到当前正在和用户交互的Activity中的一个Service。

③ 这个进程里有一个Service对象，该Service对象正在执行一个它的生命周期的回调函数（onCreate(), onStart()，onDestroy()）。

④ 这个进程里有一个正在执行的onReceive()方法的BroadCastReceiver对象。

2）可见进程。可见进程不包含前台的组件，但是会在屏幕上显示一个可见的进程，除非前台进程需要获取它的资源，不然不会被中止。

如果有以下情形就是可见进程：

这个进程中含有一个不位于前台的Activity，但是仍然对用户是可见的（这个Activity的onPause()方法被调用）。例如，如果前台Activity是一个对话框，就会允许在它后面看到前一个Activity。这个进程里有一个绑定到可见的Activity的Service。

3）服务进程：运行着一个通过startService()方法启动的Service。Service所在的进程虽然对用户不是直接可见的，但是它们执行了用户非常关注的任务（如播放MP3、从网络下载数据）。只要前台进程和可见进程有足够的内存，系统就不会回收它们。

4）后台进程：运行着一个对用户不可见的Activity（调用过onStop()方法）。这些进程对用户体验没有直接的影响，可以在服务进程、可见进程、前台进程需要内存的时候回收。通常，系统中会有很多不可见进程在运行，它们被保存在LRU（Least Recently Used）列表中，以便内存不足时被第一时间回收。如果一个Activity正确地执行了它的生命周期，则关闭这个进程对于用户体验没有太大的影响。

5）空进程：未运行任何程序组件。运行这些进程的唯一原因是作为一个缓存，缩短下次程序需要重新使用的启动时间。系统经常中止这些进程，这样可以调节程序缓存和系统缓存的平衡。

Android对进程的重要性评级时，选取它最高的级别。例如，如果一个进程含有一个Service和一个可视Activity，则进程将被归入一个可视进程，而不是Service进程。

另外，当被另外的一个进程依赖时，某个进程的级别可能会增高。一个为其他进程服务的进程永远不会比被服务的进程重要级低。因为服务进程比后台Activity进程的重要级高，所以一个要进行耗时工作的Activity最好启动一个Service来做这个工作，而不是开启一个子进程，特别是这个操作需要的时间比Activity存在的时间还要长时。例如，在后台播放音乐，向网上上传摄像头拍到的图片，使用Service可以使进程最少获取到“服务进程”级别的重要级，而不用考虑Activity目前是什么状态。广播接收者做耗时的工作时，也应该启用一个服务而不是开一个线程。

（2）单线程模型

当一个程序第一次启动时，Android会同时启动一个对应的主线程（Main Thread），主线程主要负责处理与UI相关的事件，如用户的按键事件、用户接触屏幕的事件以及屏幕绘图事件，并把相关的事件分发到对应的组件进行处理。所以主线程通常又被称为UI线程。

在开发Android应用时必须遵守单线程模型的原则：Android UI线程并不是安全的，并且这些操作必须在UI线程中执行。

任务实现

1）创建一个名为AndroidDemo6_2的Android项目，将项目2中任务8的界面导入到本项目中，为本任务界面添加3个TextView控件，用于显示温湿度等信息。

2）在Src文件夹中新建BasePort.java和FourInput.java文件完成数据的读取与串口的打开。

3）在MainActivity.java中定义控件，并新建initView()方法完成控件的初始化。其代码如下：

```
private ImageView setting;
private TextView mTvTemp,mTvHumi,mTvLight;
private TextView state_tv;
private FourInput mFourInput =null;
```

```
public void initView() {
    setting = (ImageView)findViewById(R.id.setting);
    mTvTemp = (TextView)findViewById(R.id.tvTemp);
    mTvHumi =  (TextView)findViewById(R.id.tvHumi);
    mTvLight = (TextView)findViewById(R.id.tvLight);
    state_tv=(TextView)findViewById(R.id.state_tv);
    mFourInput = new FourInput(1, 0, 5, mHandler);
    mFourInput.start();
}
```

4）实例化一个线程对象，完成当逻辑开启时每隔1.5s更新一次数值。代码如下：

```
Thread thread=new Thread(new Runnable()
  {
      @Override
      public void run()
      {
          try{
                  while(!thread.currentThread().isInterrupted()){
                          Message message=Message.obtain();
                          message.what=0x11;
                      handler.sendMessage(message);
                      Thread.sleep(1500);
                      }
                  } catch (InterruptedException e) {
e.printStackTrace();
          }
      }
  });
```

5）实例化一个Handler对象完成界面的更新。代码如下：

```
Handler handler=new Handler(){
      @Override
      public void handleMessage(Message msg)
      {
      int temp=0;
      if(msg.what==0x11){
      temp=(int) (Math.random()*40);
      mTvTemp.setText(temp+"");
          }
      }
  };
```

6）新建initListener()方法，为逻辑状态控件添加单击事件，完成当逻辑状态开启时调用线程实现模拟更新，当逻辑状态关闭时实现从串口更新数值并显示。代码如下：

```
public void initListener(){
state_tv.setOnClickListener(new OnClickListener(){
    @Override
    public void onClick(View v)
    {
    if(state){
            if(thread.getState()==Thread.State.TERMINATED){
            thread.run();
            } else {
            if (!thread.isAlive()) {
thread.start();
        }
                        }
      state=false;
      runOnUiThread(new Runnable()
      {
          @Override
          public void run()
          {
          state_tv.setText("逻辑状态:开！ ");
          }
          });
    }else{
       thread.interrupt();
       state=true;
              Handler mHandler = new Handler(){
public void handleMessage(android.os.Message msg) {
//使用handleMessage 处理接收到的msg
switch (msg.what) {
    case 0: //温度
    //对温度值进行操作
  String mTempData = (String) msg.obj;
mTvTemp.setText("温度感应:"+"100"+"℃");
if(mADAM4150 == null)return;
    //判断如果大于预设温度值，则打开风扇
      if(Double.parseDouble(mTempData)>mSetTemp){
          mADAM4150.openFan1();
    }else{
mADAM4150.closeFan1();
        }
        break;
case 1://湿度
          String mHumiData = (String) msg.obj;
          mTvHumi.setText("湿度感应:"+mHumiData);
```

```
            //对湿度值进行操作
            break
      case 2://光照
            String mLightData = (String) msg.obj;
                  mTvLight.setText("光照感应:"+"100");
            //对光照值进行操作
            break;
            }
            };
      };
      runOnUiThread(new Runnable(){
            @Override
      public void run(){
      state_tv.setText("逻辑状态:关！");
        }
       });
   }
   }
   });
   }
```

7）运行程序，当单击逻辑控制后显示逻辑开启，实现模拟更新。当逻辑关闭后，从串口获取更新值。

任务3 农业大棚中的灯照控制

本任务在项目6任务1和项目6任务2的基础上继续添加灯照开关的功能。在智能农业灯光控制系统中列出了温室照明灯和加温灯两种灯的实例。在该实例中将详解照明灯依据光照传感器获取的值，实现自动开关的功能。在实例中已经设定每500ms采集一次光照传感器的值，然后自动控制界面中灯的开关显示，如图6-2所示。

任务目标

1．掌握异步线程的应用

2．掌握使用runOnUiThread方法更新UI界面

扫码观看本任务操作视频

知识准备

1．异步线程简介

线程的开销较大，如果每个任务都要创建一个线程，那么应用程序的效率要低很多。线

程无法管理，匿名线程创建并启动后就不受程序控制了，如果有很多个请求发送，那么就会启动非常多的线程，系统将不堪重负。

在Android中，提供了AsyncTask。它使创建需要与用户界面交互的长时间运行的任务变得更简单。

AsyncTask定义了以下3种泛型类型。

- Params：启动任务执行的输入参数，如HTTP请求的URL。
- Progress：后台任务执行的百分比。
- Result：后台执行任务最终返回的结果，如String。

AsyncTask的执行分为4个步骤，每一步都对应一个回调方法，开发者需要实现一个或几个方法。在任务的执行过程中，这些方法被自动调用。

1）onPreExecute()。该方法将在执行实际的后台操作前被UI thread调用。可以在该方法中做一些准备工作，如在界面上显示一个进度条。

2）doInBackground（Params...）。将在onPreExecute方法执行后马上执行，该方法运行在后台线程中，将主要负责执行那些很耗时的后台计算工作。可以调用publishProgress方法来更新实时的任务进度。该方法是抽象方法，子类必须实现。

3）onProgressUpdate（Progress...）。在publishProgress方法被调用后，UI thread将调用这个方法，从而在界面上展示任务的进展情况，如通过一个进度条进行展示。

4）onPostExecute（Result）。在doInBackground执行完成后，onPostExecute方法将被UI thread调用，后台的计算结果将通过该方法传递到UI thread。

使用AsyncTask类，以下是几条必须遵守的准则：

① Task的实例必须在UI thread中创建。

② Execute方法必须在UI thread中调用。

③ 不要手动调用onPreExecute()、doInBackground（Params...）、onProgressUpdate（Progress...）和onPostExecute（Result）。

④ 该Task只能被执行一次，否则将会出现异常。

2. 使用runOnUiThread方法更新UI界面

在Android开发过程中，需要经常更新界面的UI，而更新UI是要主线程来更新的，即UI线程更新。如果在主线程之外的线程中直接更新页面显示，则会报错并抛出异常。

利用Activity. runOnUiThread（Runnable）把更新UI的代码创建在Runnable中，然后在需要更新UI时，把这个Runnable对象传给Activity. runOnUiThread（Runnable）。这样Runnable对象就能在UI程序中被调用。如果当前线程是UI线程，那么行动被立即执行。如果当前线程不是UI线程，则发布到事件队列的UI线程再执行，代码如下：

```
FusionField.currentActivity.runOnUiThread(new Runnable()
    {
        public void run()
        {
            Toast.makeText(getApplicationContext(), , "Update My UI",
                    Toast.LENGTH_LONG).show();
        }
    };
```

任务实现

1）创建一个名为AndroidDemo6_3的Android项目，将项目2中任务3的布局文件导入到本项目中。

2）在src/com. example. androiddemo6_1包中，新建一个类BasePort. java，用于打开ZigBee的4个输入串口，定义openZigBeePort方法，打开ZigBee的端口，代码如下：

```
public class BasePort {

    /**
     *  打开ZigBee的4个输入串口
     * @param com 串口号 如COM0、COM1、COM2
     * @param mode 区分是 USB 串口还是 COM 串口,0 表示 COM,
       1 表示 USB,2 表示是低频还是超高频
     * @param baudRate (0-9)波特率 0=1200 1=2400 2=4800 3=9600 4=19 200 5=38 400
6=57 600 7=115 200 8=230 400 9=921 600
     * @return 串口句柄
     */
     public int openZigBeePort(int com,int mode,int baudRate){
         ZigBeeAnalogHelper.com =ZigBeeAnalogServiceAPI.openPort(com, mode, baudRate);
         return ZigBeeAnalogHelper.com;
     }
```

3）新建closeZigBeePort()方法用于4个输入串口的关闭，代码如下：

```
/**
  * 关闭ZigBee的4个输入串口
  */
 public void closeZigBeePort(){
       ZigBeeAnalogServiceAPI.closeUart();
 }
```

4）在src/com. example. androiddemo6_3包中，再新建一个类FourInput. java继承

BasePort.java类，定义3个整型的变量ISTEMP、ISHUMI、ISLIGHT，分别代表温度、湿度和光照感应，初始值均为“- -”；定义mFourInput_fd 变量，初始值为0，代码如下：

```
public class FourInput extends BasePort {

    private String mLight="--",mHumi="--",mTemp="--";
    public static int mFourInput_fd = 0;
```

5）在重写的FourInput()方法中，将打开4个端口获得的温度、湿度和波特率的值赋给变量mFourInput_fd，代码如下：

```
public FourInput (int com,int mode,int baudRate){
        mFourInput_fd = openZigBeePort(com, mode, baudRate);
    }
```

6）在重写的start方法中，创建ZigBeeService的对象，并对其进行实例化，且开启服务。利用ZigBeeAnalogServiceAPI的getTemperature方法更新温度信息，代码如下：

```
public void start(){
        ZigBeeService mZigBeeService = new ZigBeeService();
        mZigBeeService.start();

        ZigBeeAnalogServiceAPI.getTemperature("temp", new OnTemperatureResponse() {

            @Override
            public void onValue(String arg0) {
                mTemp = arg0;
            }
            @Override
            public void onValue(double arg0) {
            }
        });
```

7）用同样的方法获取湿度的值，代码如下：

```
ZigBeeAnalogServiceAPI.getHum("humi", new OnHumResponse() {

            @Override
            public void onValue(String arg0) {
                mHumi = arg0;
            }

            @Override
            public void onValue(double arg0) {
            }
        });
```

8）用同样的方法获取光照的值，代码如下：

```
ZigBeeAnalogServiceAPI.getLight("light", new OnLightResponse() {

            @Override
            public void onValue(String arg0) {
                mLight = arg0+"Lux";
            }

            @Override
            public void onValue(double arg0) {
            }
        });
    }
```

注：getmLight、getmTemp、getmHumi、setmHumi、setmLight、setmTemp方法定义如下。

```
public String getmLight() {
        return mLight;
    }
    public String getmTemp() {
        return mTemp;
    }
    public String getmHumi() {
        return mHumi;
    }
    public void setmHumi(String mHumi) {
        this.mHumi = mHumi;
    }

    public void setmLight(String mLight) {
        this.mLight = mLight;
    }
    public void setmTemp(String mTemp) {
        this.mTemp = mTemp;
    }
```

9）在MainActivity.java中自定义initView()方法完成控件初始化，打开串口，添加一个Timer对象可以让将要执行的线程定时执行，代码如下：

```
public class MainActivity extends AppCompatActivity {
    private TextView mTvTemp,mTvHumi,mTvLight;
```

```
        private FourInput mFourInput = null;
        private Timer mTimer = null;
        @Override
        protected void onCreate(Bundle savedInstanceState) {
                super.onCreate(savedInstanceState);
                setContentView(R.layout.activity_main);
                initView();
        }
        /**
         * 初始化视图
         */
         public void initView() {
                mTvTemp = (TextView)findViewById(R.id.tvTemp);
                mTvHumi = (TextView)findViewById(R.id.tvHumi);
                mTvLight = (TextView)findViewById(R.id.tvLight);
                //打开串口 将4个输入串口接入 COM2
                mFourInput = new FourInput(1, 0, 5);
                mFourInput.start();
                //启动更新界面线程
                //添加一个Timer，可以让将要执行的线程定时执行
                mTimer = new Timer(true);
                mTimer.schedule(mTask,500, 500);
        }
        //实例化一个TimerTask，这个是为Timer提供一个定时执行的内容
    TimerTask mTask = new TimerTask() {
         @Override
         public void run() {
                 //启动线程 mRunnable
                 new Thread(mRunnable).start();
         }
};
         int ms = 500;
    Runnable mRunnable = new Runnable() {

         @Override
         public void run() {
                runOnUiThread(new Runnable() {
                        public void run() {
                                //线程更新界面文本框
                                        mTvTemp.setText("温度感应:"+mFourInput.getmTemp()+"℃");
                                        mTvHumi.setText("湿度感应:"+mFourInput.getmHumi());
                                        mTvLight.setText("光照感应:"+mFourInput.getmLight()+"Lux");
                        }
                });
        }
};
}
```

提示：在开发中有时会有这样的需求，即在每隔一段固定的时间内执行某一个任务。例如，UI上的控件需要随着时间改变，可以使用Java提供的计时器的工具类，即Timer和TimerTask。Timer是一个普通的类，其中有几个重要的方法；而TimerTask则是一个抽象类，其中有一个抽象方法run()，类似线程中的run()方法，使用Timer创建一个它的对象，然后使用该对象的schedule方法来完成这种间隔的操作。schedule方法有3个参数：第一个参数就是TimerTask类型的对象，实现TimerTask的run()方法就是要按周期执行一个任务；第二个参数有两种类型，第一种是long类型，表示多长时间后开始执行，另一种是Date类型，表示从哪个时间后开始执行；第三个参数就是执行的周期，为long类型。schedule方法还有一种两个参数的执行重载，第一个参数仍然是TimerTask，第二个参数如果为long就表示多长时间后执行一次，如果为Date就表示某个时间后执行一次。Timer就是一个线程，使用schedule方法完成对TimerTask的调度，多个TimerTask可以共用一个Timer，也就是说Timer对象调用一次schedule方法就是创建了一个线程，并且调用一次schedule后，TimerTask是无限制地循环下去的，使用Timer的cancel()停止操作。当然同一个Timer执行一次cancel()方法后，所有Timer线程都被终止。

项目小结

本项目主要介绍了在Android系统平台上多线程编程技术，更新主线程（界面线程）的UI控件属性的多种方式，以及Java语言进程与线程的区别及应用领域，同时介绍了异步线程的使用原理。

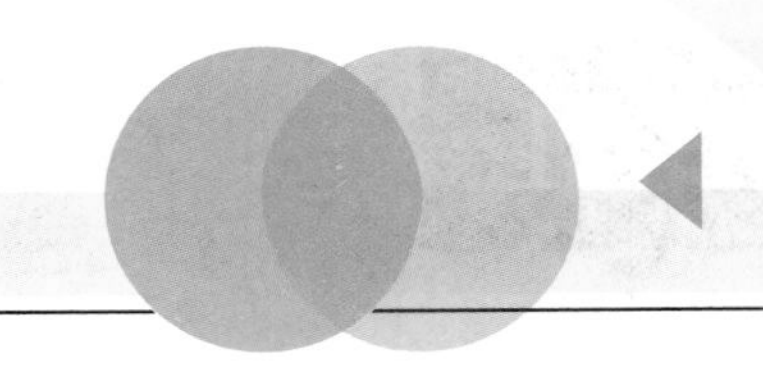

Project 7

项目7 媒体动画的实现

学习目标

在Android系统中，多媒体开发包含播放音频和视频，调用系统陀螺仪等功能。在智慧城市项目开发中，智能终端需要多媒体表现信息的功能，如风扇转动、打开门、二维码扫描、振动报警等。

本项目的学习要点如下：

- 掌握Android播放音乐功能。
- 掌握二维码识别技术。
- 掌握使用相机API。
- 掌握手机振动功能。
- 掌握Android动画演示功能。

项目目标（见图7-1）

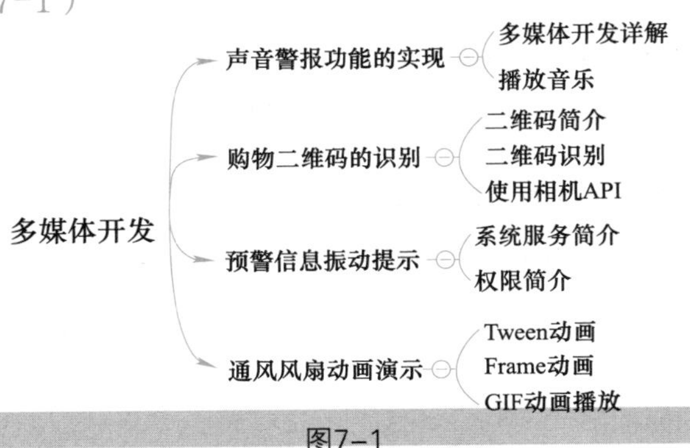

图7-1

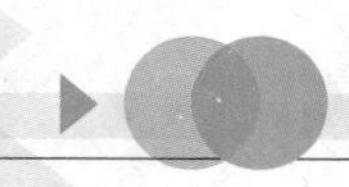

任务1 声音警报功能的实现

任务目标

1．理解Android多媒体开发技术

2．掌握使用Android手机播放音乐

1）创建界面，实时读取传感器上的温湿度、光照强度、CO值，如图6-2所示。

2）创建Android温度监控设置界面，在主界面中单击“设置”按钮，弹出如图4-2所示的界面。如果主界面中读取的传感器值超出本页面中设置的范围，则报警音乐响起。

扫码观看本任务操作视频

知识准备

1．多媒体开发详解

Android系统能够录制、播放各种不同形式的本地和流式多媒体文件。Android的多媒体系统为Android设备多媒体的开发和应用提供了非常好的平台。

（1）Android多媒体系统架构

Android的多媒体框架涉及应用层、Java框架、C语言Native框架、硬件抽象层（驱动层）等环节。Android的多媒体系统框架层次图，如图7-2所示。

从图7-2中可以看出，Android多媒体系统架构又分为4层结构，分别是Java应用组件层、Java应用程序框架层、系统运行库Native层以及Linux内核驱动层。下面按照从上到下的顺序进行介绍。

1）Java应用组件层。

Android平台提供了以下3个不同的多媒体功能。

① Camera：Android框架包含了对各种摄像机及其功能在Android设备上的支持，它可以使用用户在其应用程序中捕获的照片和录像。

② MediaRecorder：Android的MediaRecorder包含了Audio和Video的记录功能。

③ MediaPlayer：Android的MediaPlayer包含了Audio和Video的播放功能。

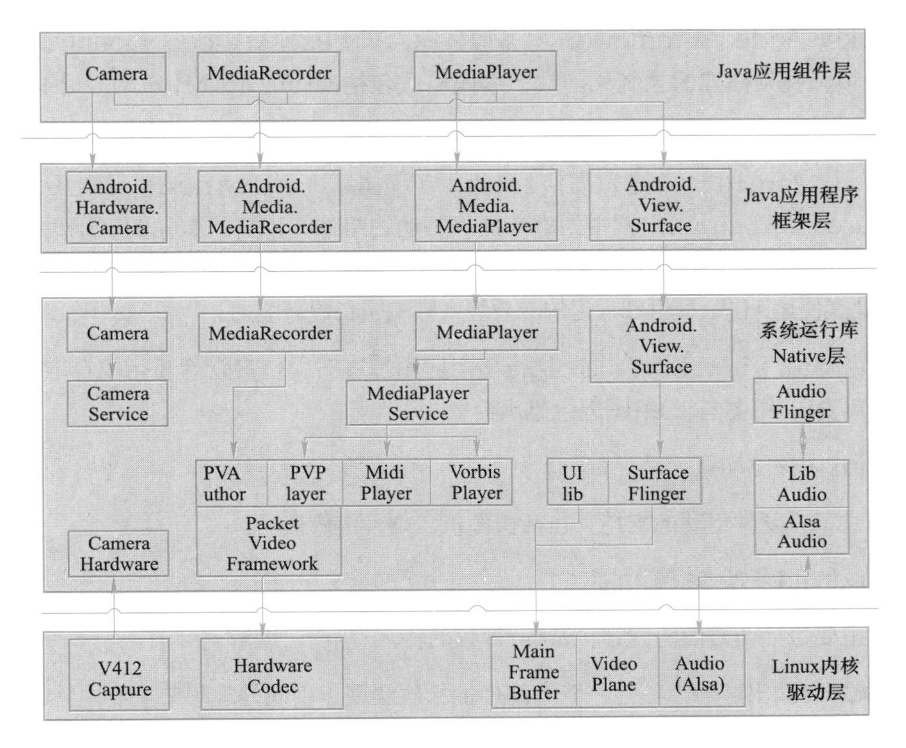

图7-2

2）Java应用程序框架层。

Android平台提供了4个不同的Java组件编程接口：Android. Hardware. Camera、Android. Media. MediaRecorder、Android. Media. MediaPlayer和Android. View. Surface。这4个编程接口几乎可以实现Android系统所有的多媒体功能。

① Android. Hardware. Camera：该Java类提供了对摄像机操作的编程接口。

② Android. Media. MediaRecorder：在Android的界面上，Audio和Video两个应用程序都是调用MediaRecorder实现的。

③ Android. Media. MediaPlayer：该Java类提供了在Android的界面上播放Audio和Video两个应用程序的编程接口。

④ Android. View. Surface：被screen compositor管理的raw buffer句柄。

3）系统运行库Native层。

Android系统运行库Native层主要分为Camera Hardware、Packet Video

Framework、Alsa Audio和Android. View Surface4部分。

① Camera Hardware：提供了操作底层Camera硬件的C语言库。

② Packet Video Framework：多媒体库，基于PacketVideo OpenCore，支持多种常用的音频、视频格式的录制和回放，编码格式包括MPEG4、MP3、H 264、AAC、ARM等。

③ Alsa Audio：又称为高级Linux声音体系（Advanced Linux Sound Architecture），在Linux内核中为声卡提供驱动的组件，以替代原先的OSS（开放声音系统）。其一部分目的是支持声卡的自动配置，以及完美地处理系统中的多个声音设备。另一个声音框架JACK使用ALSA提供低延迟的专业级音频编辑和混音能力。

④ Android. View. Surface：执行多个应用程序时，负责管理显示与存取操作间的互动，另外也负责2D绘图与3D绘图进行显示合成。

4）Linux内核驱动层。

该层提供了对硬件驱动的支持，包括摄像机、硬件编解码等。

（2）Android多媒体系统功能

多媒体主要包括两方面的内容：音频/视频的输入/输出、编解码环节。

其中，输入/输出环节由其他方面的硬件抽象层实现，中间处理环节主要由PacketVideo实现，可以使用硬件加速。

总的来说，Android的多媒体系统的功能包括音频播放、视频播放、摄像功能、音频录制、视频录制等。

（3）OpenCore简介

OpenCore是Android多媒体系统的核心。与Android的其他程序库相比，OpenCore是一个基于C++代码实现的多媒体库，它定义了全功能的操作系统移植层，各种基本的功能均被封装成类的形式，各层次之间的接口多使用继承等方式。

它主要包含了以下两方面的内容。

PVPlayer：提供媒体播放器的功能，完成各种音频（Audio）、视频（Video）流的回放（Playback）功能。

PVAuthor：提供媒体流记录的功能，完成各种音频（Audio）、视频（Video）流的回放，以及静态图像捕获功能。

（4）OpenMax简介

OpenMax是一个多媒体应用程序的框架标准。其中，OpenMax IL（集成层）技术规格定义了媒体组件接口，以便在嵌入式器件的流媒体框架中快速集成加速编解码器。

OpenMax分成了3个层次，自上而下分别是OpenMax DL（开发层）、OpenMax IL（集成层）和OpenMax AL（应用层）。

① OpenMax DL。OpenMax DL定义了一个API，它是音频、视频和图像功能的集合，包括音频信号的处理功能，如FFT、filter、图像原始处理、颜色空间转换、视频原始处理，以实现如MPEG4、H. 264、MP3、AAC和JPEG等编解码器的优化。

② OpenMax IL。OpenMax IL作为音频、视频和图像编解码器，能与多媒体编解码器交互，并以统一的行为支持组件（如资源和皮肤）。这些编解码器或许是软/硬件的混合体，对用户是透明的，底层接口应用于嵌入式、移动设备。

③ OpenMax AL。OpenMax AL API在应用程序和多媒体中间件之间提供了一个标准化接口，多媒体中间件提供服务以实现被期待的API功能。

2．播放音乐

在Android平台下，要实现声音的播放是十分容易的，只要生成一个MediaPlayer对象，并调用它的相关方法，就能对声音播放进行控制。MediaPlayer对象有以下几种状态，如图7-3所示。

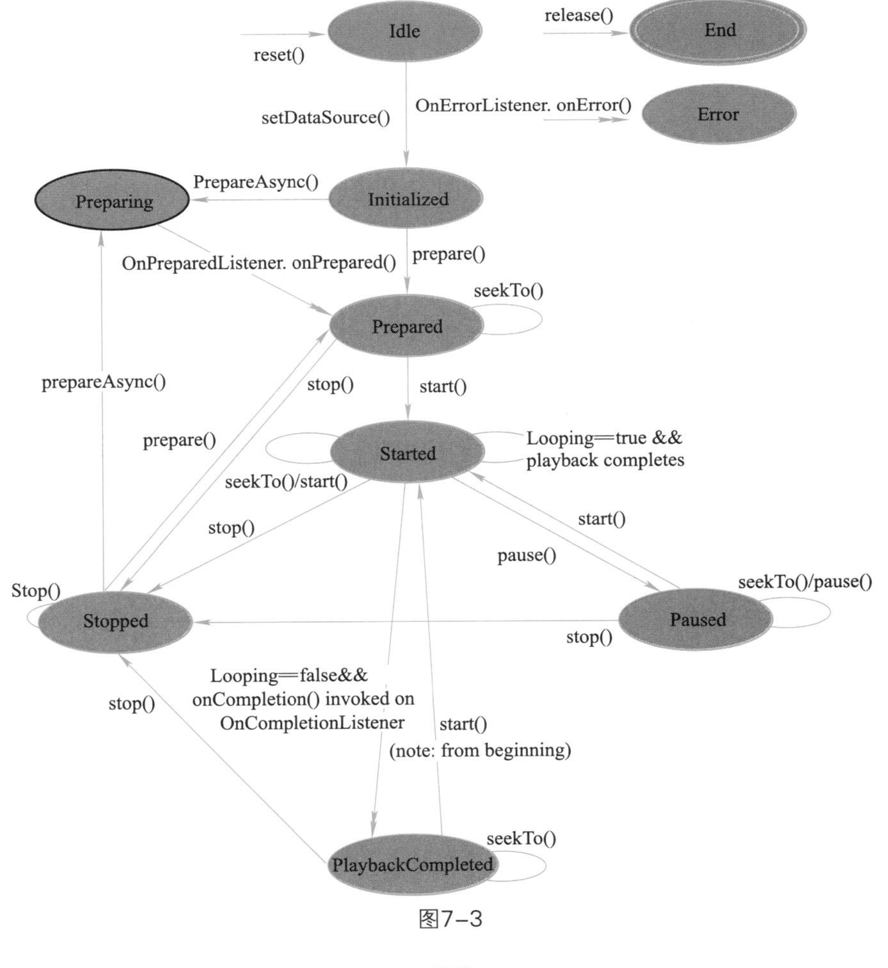

图7-3

熟悉了MediaPlayer对象的各种状态后，就能很好地控制媒体播放。

例如，播放res/raw文件夹中的歌曲十分简单，只需编写如下代码：

```
MediaPlayer mp = MediaPlayer.create(context, R.raw.sound_file_1);mp.start();
```

也可以指定音乐文件的位置来进行播放。例如，在sdcard根目录下有一首歌曲：test.mp3，则可以这样播放：

```
MediaPlayer mp = new MediaPlayer();
    String song = Environment.getExternalStorageDirectory().getAbsolutePath() + File.separator
+ "test.mp3";
    try {
        mp.setDataSource(song);
        mp.prepare();
        mp.start();
    } catch (Exception e) {
        e.printStackTrace();
    }
```

建议在播放音乐时把MediaPlayer放在Service中，因为如果放在Activity中会使得界面特别卡顿。音乐不能放到后台里播放，一旦退出Activity，音乐就会暂停播放。

可以在Activity中布局相关的界面，如按钮等，然后通过这个Activity来启动这个Service。如果要通过UI与Service交互，则可以通过Intent对象传递消息。如果要实现Service向Activity发送消息，并利用这些消息来更新UI，则可以用广播机制，如告诉Activity是否正在播放、播放进度、当前播放歌曲条目等信息。

任务实现

1）创建一个名为AndroidDemo7_1的Android项目，将项目2中任务1与项目2中任务8的界面设计文件导入到本项目中，如图2-2和图2-9所示。

2）在项目AndroidDemo7_1下建立类文件BasePort.java，实现对ZigBee串口进行打开/关闭操作。代码如下：

```
package com.example.androiddemo7_1;
import com.newland.zigbeelibrary.ZigBeeAnalogServiceAPI;
import com.newland.zigbeelibrary.ZigBeeAnalogHelper;
public class BasePort {
    /**
     * 打开ZigBee的4个输入串口
     * @param com 串口号 如COM0、COM1、COM2
     * @param mode 区分是 USB 串口还是 COM 串口,0 表示 COM,
```

```
1 表示 USB,2 表示是低频还是超高频
     * @param baudRate (0-9)波特率 0=1200 1=2400 2=4800 3=9600 4=19 200 5=38 400
6=57 600 7=115 200 8=230 400 9=921 600
     * @return 串口句柄
     */
    public int openZigBeePort(int com,int mode,int baudRate){
        ZigbeeAnalogHelper.com =ZigBeeAnalogSe

    /**
     * 关闭ZigBee的4个输入串口
     */
    public void closeZigBeePort(){
        ZigBeeAnalogServiceAPI.closeUart();
    }
}
```

3）新建FourInput类，完成对温湿度、光照以及CO传感器的值的读取，并用Handler返回。代码如下：

```
public class FourInput extends BasePort {

private final int ISTEMP = 0;
private final int ISHUMI = 1;
private final int ISLIGHT = 2;
private Handler mHandler = null;
public static int mFourInput_fd = 0;
public FourInput (int com,int mode,int baudRate,Handler handler){
    this.mHandler = handler;
    mFourInput_fd = openZigBeePort(com, mode, baudRate);
}
public void start(){
    ZigBeeService mZigBeeService = new ZigBeeService();
    mZigBeeService.start();
    ZigBeeAnalogServiceAPI.getTemperature("temp", new OnTemperatureResponse() {

        @Override
        public void onValue(String arg0) {
            //创建Message对象
            Message mMsg = new Message();
            //设置mMsg的传输值
            mMsg.obj = arg0;
            //设置mMsg的类型
            mMsg.what = ISTEMP;
```

```
            //通过构造函数传入的Handler发送Message
            mHandler.sendMessage(mMsg);
        }
        @Override
        public void onValue(double arg0) {
        }
    });
    ZigBeeAnalogServiceAPI.getHum("humi", new OnHumResponse() {

        @Override
        public void onValue(String arg0) {
            // TODO Auto-generated method stub

            //创建Message对象
            Message mMsg = new Message();
            //设置mMsg的传输值
            mMsg.obj = arg0;
            //设置mMsg的类型
            mMsg.what = ISHUMI;
            //通过构造函数传入的Handler发送Message
            mHandler.sendMessage(mMsg);
        }

        @Override
        public void onValue(double arg0) {
        }
    });
    ZigBeeAnalogServiceAPI.getLight("light", new OnLightResponse() {

        @Override
        public void onValue(String arg0) {

            //创建Message对象
            Message mMsg = new Message();
            //设置mMsg的传输值
            mMsg.obj = arg0+"Lux";
            //设置mMsg的类型
            mMsg.what = ISLIGHT;
            //通过构造函数传入的Handler发送Message
            mHandler.sendMessage(mMsg);
        }
```

```
            @Override
            public void onValue(double arg0) {
            }
        });
    }
}
```

4）新建SettingActivity.java类，导入项目2中任务1的布局文件，对温度控件进行初始化功能，设置保存、清空、关闭3个按钮的单击事件。代码如下：

```
public class SettingActivity extends AppCompat Activity {

    private EditText mEtTemp;
    @Override
    protected void onCreate(Bundle savedInstanceState) {
        super.onCreate(savedInstanceState);
        setContentView(R.layout.activity_setting);
        initView();
    }

    private void initView() {
        mEtTemp = (EditText)findViewById(R.id.etTemp);
    }

    public void mySettingClick(View v){
        Intent intent = new Intent();
        switch (v.getId()) {
        case R.id.btnSave:
            //获取设置温度的临界值
            String temp = mEtTemp.getText().toString();
            intent.putExtra("temp", Double.parseDouble(temp));
            setResult(Activity.RESULT_OK, intent);
            finish();
            break;
        case R.id.btnClear:
            mEtTemp.setText("");
            break;
        case R.id.btnClose:
            finish();
            break;
        default:
            break;
        }
    }
}
```

5）在AndroidManifest.xml文件中声明此Activity。代码如下：

```
<activity
        android:name=".SettingActivity"
        ></activity>
```

6）在MainActivity中的initView()方法中对控件进行初始化，在设置按钮的单击事件中完成页面的跳转并重写onActivityResult()方法完成页面回调，重写onDestroy()方法，对串口进行关闭。代码如下：

```
public void initView() {
        setting = (ImageView) findViewById(R.id.setting);
        mTvTemp = (TextView) findViewById(R.id.tvTemp);
        mTvHumi = (TextView) findViewById(R.id.tvHumi);
        mTvLight = (TextView) findViewById(R.id.tvLight);
        // 打开串口，将4个输入串口接入 COM1
        mFourInput = new FourInput(1, 0, 5, mHandler);
        mFourInput.start();

        // 设置ImageView OnClick 事件
        setting.setOnClickListener(new OnClickListener() {

            @Override
            public void onClick(View v) {
                Intent intent = new Intent();
                intent.setClass(MainActivity.this, SettingActivity.class);
                startActivityForResult(intent, 1);
            }
        });
  }

  @Override
  protected void onActivityResult(int requestCode, int resultCode, Intent data) {
      super.onActivityResult(requestCode, resultCode, data);

      switch (resultCode) {
      case RESULT_OK:
          Bundle b = data.getExtras(); // data为B中回传的Intent
          // String str = b.getString("str1");//str即为回传的值
          mSetTemp = b.getDouble("temp");
          break;
      }
  }
```

```
    @Override
    protected void onDestroy() {
            // TODO Auto-generated method stub
            super.onDestroy();
            if(mFourInput!=null){
                    //关闭4个输入串口
                    mFourInput.closeZigBeePort();
                    if(player!=null) player.stop();
            }
    }
```

7）更新一个Handler对象接收FourInput类中获取的传感器的值，并更新UI，同时判断温度的值是否超过设置的值，如果超过，则播放音乐。代码如下：

```
@SuppressLint("HandlerLeak")
        Handler mHandler = new Handler() {
                public void handleMessage(android.os.Message msg) {
                    // 使用handleMessage 处理接收到的Message
                    switch (msg.what) {
                    case 0: // 温度
                    String mTempData = (String) msg.obj;
                    // 对温度值进行操作
                    mTvTemp.setText("温度感应:" + mTempData + "℃");

                    // 判断如果大于预设温度值,则打开音乐
                    if (Double.parseDouble(mTempData) > mSetTemp) {
                         if (player != null) {
                              //如果正在播放就不再播放
                              if(player.isPlaying())
                                   return;
                         }
                     AssetManager assetManager = MainActivity.this.getAssets(); //获取asset
                     AssetFileDescriptor fileDesc;
                     player = new MediaPlayer(); //初始化MediaPlayer
                     try {
                          fileDesc = assetManager.openFd("TempIsH.mp3");//获取音乐文件
            player.setDataSource(fileDesc.getFileDescriptor(), fileDesc.getStartOffset(), fileDesc.
```

```
getLength());//设置播放源文件
                    player.prepare();
                    player.start();//播放音乐
                } catch (IllegalArgumentException e) {
                    e.printStackTrace();
                } catch (IOException e) {
                    e.printStackTrace();
                }
            } else {
                if (player != null) {
                    player.stop();
                }
            }
            break;
        case 1:// 湿度
            String mHumiData = (String) msg.obj;
            mTvHumi.setText("湿度感应:" + mHumiData);

            // 对湿度值进行操作
            break;

        case 2:// 光照
            String mLightData = (String) msg.obj;
            mTvLight.setText("光照感应:" + mLightData);

            // 对光照值进行操作
            break;
    }
    };
};
```

提示：音乐文件要放在assets文件夹中，如图7-4所示。

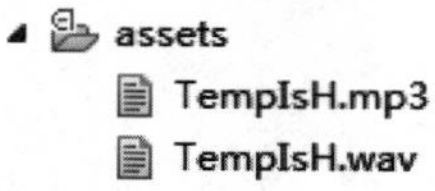

assets
TempIsH.mp3
TempIsH.wav

图7-4

8）重写String类型的Format方法，将Handler获得的数据进行格式化并保留两位小数。代码如下：

```
public String format(double data) {
```

```
        DecimalFormat df = new DecimalFormat("0.00");
        return df.format(data);
}
```

任务2 购物二维码的识别

任务目标

1．掌握二维码的相关概念

2．掌握二维码的识别原理

3．掌握相机API的使用

扫码观看本任务操作视频

创建打开相机的界面，为扫描二维码做准备。在图7-5中，单击“打开相机”，将出现扫描二维码的界面，扫描二维码。

AndroidDemo7_2
打开相机
商品信息：

图7－5

知识准备

1．二维码简介

（1）二维码的概念

二维码（Two-dimensional code）是用某种特定的几何图形按一定规律在平面（二维

方向）分布的黑白相间的图形上记录数据符号信息的方式。

在代码编制上巧妙地利用构成计算机内部逻辑基础的“0”“1”比特流的概念，使用若干个与二进制相对应的几何形体来表示文字数值信息，通过图像输入设备或光电扫描设备进行自动识读以实现信息自动处理。在不同种类的二维条码中，常用的码制有Data Matrix、Maxi Code、Code One、Aztec、QR Code、Vericode、PDF417、Ultracode、Code 49和Code 16K等。每种码制有其特定的字符集，每个字符占有一定的宽度，具有一定的校验功能，同时还具有对不同行的信息自动识别的功能及处理图形旋转变化等特点。二维码是一种比一维码更高级的条码格式。一维码只能在一个方向（一般是水平方向）上表达信息，而二维码在水平和垂直方向都可以存储信息。一维码只能由数字和字母组成，而二维码能存储汉字、数字和图片等信息，因此二维码的应用领域要广得多。

（2）常用的几种二维条码（见图7-6）

图7-6

二维码可以分为矩阵式和行排式两种。

1）矩阵式：在一个矩形空间通过黑、白像素在矩阵中的不同分布进行编码。在矩阵元素位置上，出现方点、圆点或其他形状点表示二进制“1”，不出现点表示二进制的“0”，点的排列组合确定了矩阵式二维码所代表的意义。矩阵式二维码是建立在计算机图像处理技术、组合编码原理等基础上的一种新型图形符号自动识读处理码制。具有代表性的矩阵式二维码有Code One、Maxi Code、QR Code、 Data Matrix等。

2）行排式。行排式二维码又称堆积式二维码或层排式二维码，其编码原理是建立在一维码基础之上，按需要堆积成二行或多行。它在编码设计、校验原理、识读方式等方面继承了一维码的一些特点，识读设备、条码印刷与一维码技术兼容。有代表性的行排式二维码有Code 49、Code 16K、PDF417等。

（3）二维码的特点

1）高密度编码，信息容量大。可容纳多达1850个大写字母或2710个数字，或1108个字节，或500多个汉字，比普通条码信息容量约高几十倍。

2）编码范围广。该条码可以把图片、声音、文字、签字、指纹等数字化的信息进行编码，用条码表示出来。

3）容错能力强，具有纠错功能。这使得二维码因穿孔、污损等引起局部损坏时，照样可以正确识读，损毁面积达50%仍可恢复信息。

4）译码可靠性高。误码率不超过千万分之一。

5）可引入加密措施。保密性、防伪性好。

6）成本低，易制作，持久耐用。

7）二维码符号形状、尺寸大小比例可变。

8）二维码可以使用激光或CCD阅读器识读。

2．二维码识别

通过图像的采集设备，得到含有条码的图像，此后经过条码的定位、分割和解码3个步骤实现条码的识别（以矩阵式条码为例）。

（1）条码的定位

条码的定位是实现条码识别的基础，在一幅图像中如果找不到待识别的条码，则后面的工作就无法完成。条码的定位就是找到条码符号的图像区域，对有明显条码特征的区域进行定位，然后根据不同条码的定位图形结构特征对不同的条码符号进行下一步的处理。

实现条码定位的步骤如下：

1）利用点运算的阈值理论将采集到的图像变为二值图像，即对图像进行二值化处理。

2）得到二值化图像后，对其进行膨胀运算。

3）对膨胀后的图像进行边缘检测得到条码区域的轮廓。

经过上述处理后得到的一系列图像如图7-7所示。

a） b） c） d）

图7-7

a）原图像 b）二值化后的图像 c）膨胀后的图像 d）边缘检测后的图像

对图像进行二值化处理按下式进行：

$$g(x,y)=\begin{cases}255 & f(x,y)\geqslant T\\0 & f(x,y)<T\end{cases}$$

其中，f（x, y）是点（x, y）处像素的灰度值，T为阈值（自适应门限）。

上面的步骤2）中用到了数学形态学中的膨胀变换。A用B来膨胀按下式进行：

$$A\oplus B=\left\{x\left|\left[\left(\hat{B}\right)_x\cap A\right]\neq\Phi\right.\right\}$$

对二值化图像进行的膨胀运算就是通过上式进行的。

找到条码区域后，还要进一步区分到底是哪种矩阵式条码。几种常见的矩阵式条码如图7-8所示。

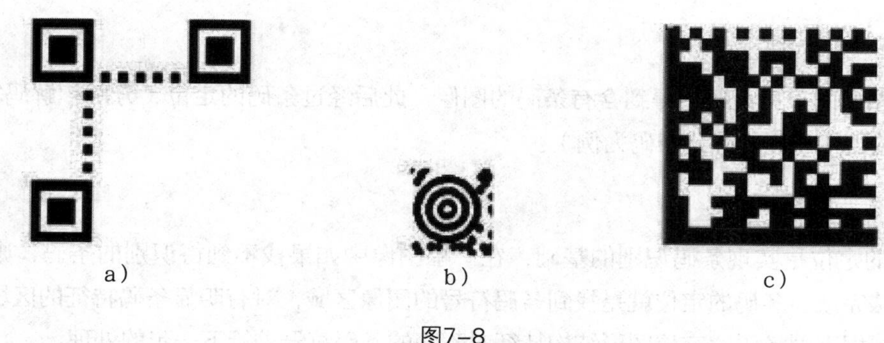

a）　　　　b）　　　　c）

图7-8

a）QR Code的定位图形　b）Maxi Code的定位图形　c）Data Matrix的定位图形

（2）条码的分割

边缘检测后条码区域的边界不是很完整，所以需要进一步修正边界，然后分割出一个完整的条码区域。

首先采用区域增长的方法对符号进行分割，以此修正条码边界。其基本思想是从符号内的一个小区域（种子）开始，通过区域增长来修正条码边界，把符号内的所有点都包括在这个边界内。然后通过凸壳计算准确分割出整个符号。之后区域增长和凸壳计算交替进行，通常对那些密度比较大的条码重复两次就足够了，而对于那些模块组合比较稀疏的条码至少要重复4次。

（3）解码

得到一幅标准的条码图像后，对该符号进行网格采样，对网格每一个交点上的图像像素取样，并根据阈值确定是深色块还是浅色块。构造一个位图，用二进制的“1”表示深色像素，“0”表示浅色像素，从而得到条码的原始二进制序列值，然后对这些数据进行纠错和译码，最后根据条码的逻辑编码规则把这些原始的数据位流转换成数码字。

3．使用相机API

（1）Camera概述

Android的Camera包含取景器（viewfinder）和拍摄照片的功能。Camera程序架构主要分为客户端和服务器两个部分，它们建立在Android的进程间通信Binder的结构上。

在framework/base/core/java/android/hardware/Camera.java中实现基本的Camera功能。在这个类中，一些方法通过JNI的方式调用本地代码得到，一些方法由自己实现。

在framework/base/camera/libcameraservice/目录下面实现Camera的服务部分。

同时，为了实现一个具体功能的Camera，在最底层还需要一个硬件相关的Camera库（如通过调用Video for linux驱动程序和Jpeg编码程序实现）。

（2）Android Camera API

Camera类主要用于图像采集设置，开始、停止预览，抓拍图片和检索视频编码帧。Camera类相对于管理实际Camera硬件的Camera服务来说是一个客户端类。

1）Camera主要框架，见表7-1。

表7-1 Camera主要框架

属性	类型	名字	功能
Public	接口（interface）	Camera.AutoFocusCallback	相机自动调焦时进行回调处理
		Camera.ErrorCallback	发生错误时进行回调处理
		Camera.PictureCallback	图像数据从捕获器中取走时进行回调处理
		Camera.PreviewCallback	完成每一帧预览数据的复制
		Camera.ShutterCallback	拍摄照片后快门关闭时进行回调处理
		Camera.OnZoomChangeListener	缩放值发生变化时的一个回调接口
	类（class）	Camera.Size	处理图片的大小
		Camera.Parameters	对Camera service获取的图片参数进行相关处理

2）主要的公共接口。

① public Methods public final void addCallbackBuffer（byte[] callbackBuffer）来源版本：API Level 8。方法功能说明：添加一个预分配的缓冲区到预览回调缓冲区队列中。应用程序可以添加一个或多个缓冲区到队列中。当一个预览帧到达，如果还有缓冲区可以用，则缓冲区也会添加，但是最后会从队列中删除，然后预览回调调用一个缓冲区。如果一个

预览帧到达而没有可用的缓冲区，则这帧数据将会被丢弃。所以当应用程序处理完数据后应该自动添加缓冲区。

② public final void autoFocus（Camera.AutoFocusCallback cb）来源版本：API Level 1。方法功能说明：当相机需要调焦时启动自动调焦功能，并注册一个回调函数来运行。只有调用startPreview()开始预处理时该方法有效。

③ public final void cancelAutoFocus()来源版本：API Level 5。方法功能说明：取消自动调焦功能。如果正在使用自动调焦，则该方法无效。无论自动调焦是否运行过，调用该方法焦距将还原为默认值。如果相机不支持自动调焦，则是一个空操作。

④ public Camera.Parameters getParameters()来源版本：API Level 1。方法功能说明：返回Camera Service返回图片的参数。

⑤ public final void lock()来源版本：API Level 5。方法功能说明：锁定相机，防止其他程序访问。默认情况下，相机对象是被锁定的。如果该方法失败，则会抛出RuntimeException异常。

⑥ public static Camera open()来源版本：API Level 1。方法功能说明：返回一个相机对象。

⑦ public final void reconnect()来源版本：API Level 8。方法功能说明：MediaRecorder使用相机录完像后，使用该方法可以重新建立与相机硬件的连接。连接前，相机对象必须先执行解锁过程。如果方法失败，则抛出IOException异常。

⑧ public final void release()来源版本：API Level 1。方法功能说明：断开并释放相机对象资源。

⑨ public final void setDisplayOrientation（int degrees）来源版本：API Level 8。方法功能说明：设置显示的方向。

⑩ public final void setErrorCallback（Camera.ErrorCallback cb）来源版本：API Level 1。方法功能说明：发生错误时注册并发起一个回调函数。

⑪ public final void setOneShotPreviewCallback（Camera.PreviewCallback cb）来源版本：API Level 3。方法功能说明：安装一个回调来检测单个预览帧，之后清除该回调。

⑫ public void setParameters（Camera.Parameters params）来源版本：API Level 1。方法功能说明：设置从Camera Service获取到的图片的参数。

⑬ public final void setPreviewCallback（Camera.PreviewCallback cb）来源版本：API Level 1。方法功能说明：除了显示一帧预览的数据外，可以随时调用该方法以便指示相机使用回调来处理每一个预览帧。

⑭ public final void setPreviewCallbackWithBuffer（Camera.

PreviewCallback cb）来源版本：API Level 8。方法功能说明：只要预览缓冲区队列中有缓冲区就会触发一个回调函数。通过这个方法可以最大限度地减少预览缓冲区的动态分配次数。

⑮ public final void setPreviewDisplay（SurfaceHolder holder）来源版本：API Level 1。方法功能说明：设置SurfaceHolder以便用于图片预览。如果该方法失败，则抛出IOException异常。

⑯ public final void setZoomChangeListener（Camera.OnZoomChangeListener listener）来源版本：API Level 8。方法功能说明：平滑缩放期间，当摄像头驱动程序更新缩放值时注册该监听函数。

⑰ public final void startPreview()来源版本：API Level 1。方法功能说明：开始在画面上绘制预览帧。

⑱ public final void startSmoothZoom （int value）来源版本：API Level 8。方法功能说明：缓慢地变换到请求的缩放值。如果请求到缩放值，则抛出IllegalArgumentException异常；如果方法失败，则抛出RuntimeException 异常。

⑲ public final void stopPreview()来源版本：API Level 1。方法功能说明：停止在画面上绘制预览帧。

⑳ public final void stopSmoothZoom()来源版本：API Level 8。方法功能说明：停止平滑变焦。如果失败，则抛出RuntimeException异常。

㉑ public final void takePicture（Camera.ShutterCallback shutter, Camera.PictureCallback raw, Camera.PictureCallback postview, Camera.PictureCallback jpeg）来源版本：API Level 5。方法功能说明：异步触发图像采集。

㉒ public final void unlock()来源版本：API Level 5。方法功能说明：解锁相机，让另一个进程能访问它。如果失败，则抛出RuntimeException 异常。

任务实现

1）创建一个名为AndroidDemo7_2的Android项目。

2）在项目AndroidDemo7_2下建立类文件CaptureActivity.java，实现二维码扫描操作。其代码如下：

```
package com.example.bcodescanner;
import java.io.IOException;
import java.util.Vector;
import android.app.Activity;
```

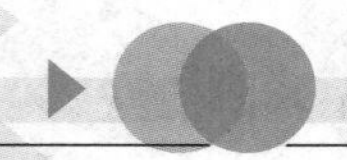


```
import android.content.Intent;
import android.content.res.AssetFileDescriptor;
import android.graphics.Bitmap;
import android.media.AudioManager;
import android.media.MediaPlayer;
import android.media.MediaPlayer.OnCompletionListener;
import android.os.Bundle;
import android.os.Handler;
import android.os.Vibrator;
import android.view.SurfaceHolder;
import android.view.SurfaceHolder.Callback;
import android.view.SurfaceView;
import android.view.View;
import android.view.View.OnClickListener;
import android.widget.Button;
import android.widget.Toast;
import com.google.zxing.BarcodeFormat;
import com.google.zxing.Result;
import com.zxing.camera.CameraManager;
import com.zxing.decoding.CaptureActivityHandler;
import com.zxing.decoding.InactivityTimer;
import com.zxing.view.ViewfinderView;
/**
 * Initial the camera
 * @author Ryan.Tang
 */
public class CaptureActivity extends AppCompatActivity implements Callback {

    private CaptureActivityHandler handler;
    private ViewfinderView viewfinderView;
    private boolean hasSurface;
    private Vector<BarcodeFormat> decodeFormats;
    private String characterSet;
    private InactivityTimer inactivityTimer;
    private MediaPlayer mediaPlayer;
    private boolean playBeep;
    private static final float BEEP_VOLUME = 0.10f;
    private boolean vibrate;
    private Button cancelScanButton;
    /** Called when the activity is first created. */
```

```
@Override
public void onCreate(Bundle savedInstanceState) {
    super.onCreate(savedInstanceState);
    setContentView(R.layout.camera);
//ViewUtil.addTopView(getApplicationContext(), this, R.string.scan_card);
     CameraManager.init(getApplication());
     viewfinderView = (ViewfinderView) findViewById(R.id.viewfinder_view);
     cancelScanButton = (Button) this.findViewById(R.id.btn_cancel_scan);
     hasSurface = false;
     inactivityTimer = new InactivityTimer(this);
}
@Override
protected void onResume() {
      super.onResume();
      SurfaceView surfaceView = (SurfaceView) findViewById(R.id.preview_view);
      SurfaceHolder surfaceHolder = surfaceView.getHolder();
      if (hasSurface) {
          initCamera(surfaceHolder);
      } else {
           surfaceHolder.addCallback(this);
    surfaceHolder.setType(SurfaceHolder.SURFACE_TYPE_PUSH_BUFFERS);
         }
         decodeFormats = null;
         characterSet = null;

          playBeep = true;
          AudioManager audioService = (AudioManager) getSystemService(AUDIO_SERVICE);
           if (audioService.getRingerMode() != AudioManager.RINGER_MODE_NORMAL) {
                 playBeep = false;
           }
           initBeepSound();
           vibrate = true;

            //quit the scan view
             cancelScanButton.setOnClickListener(new OnClickListener() {

                    @Override
                    public void onClick(View v) {
                          CaptureActivity.this.finish();
                    }
```

```
            });
}
@Override
protected void onPause() {
        super.onPause();
        if (handler != null) {
              handler.quitSynchronously();
              handler = null;
        }
        CameraManager.get().closeDriver();
}

@Override
protected void onDestroy() {
        inactivityTimer.shutdown();
        super.onDestroy();
}
/**
 * Handler scan result
 * @param result
 * @param barcode
 */
public void handleDecode(Result result, Bitmap barcode) {
      inactivityTimer.onActivity();
      playBeepSoundAndVibrate();
      String resultString = result.getText();
      //FIXME
      if (resultString.equals("")) {
          Toast.makeText(CaptureActivity.this, "Scan failed!", Toast.LENGTH_SHORT).show();
      }else {
//System.out.println("Result:"+resultString);
                  Intent resultIntent = new Intent();
                  Bundle bundle = new Bundle();
                  bundle.putString("result", resultString);
                  resultIntent.putExtras(bundle);
                  this.setResult(RESULT_OK, resultIntent);
        }
        CaptureActivity.this.finish();
}
private void initCamera(SurfaceHolder surfaceHolder) {
```

```
        try {
CameraManager.get().openDriver(surfaceHolder);
        } catch (IOException ioe) {
            return;
        } catch (RuntimeException e) {
            return;
        }
        if (handler == null) {
            handler = new CaptureActivityHandler(this, decodeFormats,characterSet);
        }
}

@Override
public void surfaceChanged(SurfaceHolder holder, int format, int width,
                        int height) {

}

@Override
public void surfaceCreated(SurfaceHolder holder) {
        if (!hasSurface) {
            hasSurface = true;
            initCamera(holder);
        }
}

@Override
public void surfaceDestroyed(SurfaceHolder holder) {
        hasSurface = false;
}

public ViewfinderView getViewfinderView() {
        return viewfinderView;
}
public Handler getHandler() {
        return handler;
}
public void drawViewfinder() {
        viewfinderView.drawViewfinder();
}
```

```
/**
 * 初始化声音
 */
private void initBeepSound() {
        if (playBeep && mediaPlayer == null) {
            // The volume on STREAM_SYSTEM is not adjustable, and users found it
            // too loud,
            // so we now play on the music stream.
setVolumeControlStream(AudioManager.STREAM_MUSIC);
            mediaPlayer = new MediaPlayer();
mediaPlayer.setAudioStreamType(AudioManager.STREAM_MUSIC);
mediaPlayer.setOnCompletionListener(beepListener);

              AssetFileDescriptor file = getResources().openRawResourceFd(
                                R.raw.beep);
              try {
mediaPlayer.setDataSource(file.getFileDescriptor(),
                                file.getStartOffset(), file.getLength());
                    file.close();
                    mediaPlayer.setVolume(BEEP_VOLUME, BEEP_VOLUME);
                     mediaPlayer.prepare();
            } catch (IOException e) {
                  mediaPlayer = null;
            }
      }
}
private static final long VIBRATE_DURATION = 200L;

private void playBeepSoundAndVibrate() {
      if (playBeep && mediaPlayer != null) {
            mediaPlayer.start();
      }
            if (vibrate) {
                Vibrator vibrator = (Vibrator) getSystemService(VIBRATOR_SERVICE);
                vibrator.vibrate(VIBRATE_DURATION);
      }
}
/**
 * When the beep has finished playing, rewind to queue up another one.
 */
```

```
    private final OnCompletionListener beepListener = new OnCompletionListener() {
        public void onCompletion(MediaPlayer mediaPlayer) {
            mediaPlayer.seekTo(0);
        }
    };
}
```

3）在Layout下添加布局文件，命名为main，源代码如下：

```
<?xml version="1.0" encoding="utf-8"?>
<LinearLayout xmlns:android="http://schemas.android.com/apk/res/android"
    android:layout_width="fill_parent"
    android:layout_height="fill_parent"
    android:background="@android:color/white"
    android:orientation="vertical" >
    <Button
        android:id="@+id/btn_scan_barcode"
        android:layout_width="fill_parent"
        android:layout_height="wrap_content"
        android:layout_marginTop="30dp"
        android:text="打开相机" />
    <LinearLayout
        android:orientation="horizontal"
        android:layout_marginTop="10dp"
        android:layout_width="fill_parent"
        android:layout_height="wrap_content">
        <TextView
            android:layout_width="wrap_content"
        android:layout_height="wrap_content"
        android:textColor="@android:color/black"
        android:textSize="18sp"
        android:text="商品信息：" />
        <TextView
        android:id="@+id/tv_scan_result"
            android:layout_width="fill_parent"
            android:textSize="18sp"
            android:textColor="@android:color/black"
        android:layout_height="wrap_content" />
    </LinearLayout>
</LinearLayout>
```

4）在Layout下添加扫描二维码的布局文件，命名为camera，源代码如下：

```
<?xml version="1.0" encoding="utf-8"?>
<FrameLayout xmlns:android="http://schemas.android.com/apk/res/android"
    android:layout_width="fill_parent"
    android:layout_height="fill_parent" >
    <SurfaceView
        android:id="@+id/preview_view"
        android:layout_width="wrap_content"
        android:layout_height="wrap_content"
        android:layout_gravity="center" />
    <com.zxing.view.ViewfinderView
        android:id="@+id/viewfinder_view"
        android:layout_width="wrap_content"
        android:layout_height="wrap_content" />
    <RelativeLayout
        android:layout_width="fill_parent"
        android:layout_height="fill_parent"
        android:layout_gravity="center"
        android:orientation="vertical" >
        <TextView
            android:layout_width="fill_parent"
            android:layout_height="wrap_content"
            android:layout_alignParentTop="true"
            android:layout_centerInParent="true"
            android:background="@drawable/navbar"
            android:gravity="center"
            android:paddingBottom="10dp"
            android:paddingTop="10dp"
            android:text="Scan Barcode"
            android:textColor="@android:color/white"
            android:textSize="18sp"
            android:textStyle="bold" />
        <Button
            android:id="@+id/btn_cancel_scan"
            android:layout_width="230dp"
            android:layout_height="40dp"
            android:layout_alignParentBottom="true"
            android:layout_centerInParent="true"
            android:layout_marginBottom="75dp"
            android:text="Cancel"
            android:textSize="15sp"
            android:textStyle="bold" />
```

```
    </RelativeLayout>
</FrameLayout>
```

5）修改src下的MainActivity.java，实现显示扫描二维码得到的值。其代码如下：

```
package com.example.bcodescanner;
import android.os.Bundle;
import android.annotation.SuppressLint;
import android.app.Activity;
import android.content.Intent;
import android.view.Menu;
import android.view.View;
import android.view.View.OnClickListener;
import android.widget.Button;
import android.widget.TextView;
import android.widget.Toast;
public class MainActivity extends AppCompatActivity {
    private TextView resultTextView;

    @Override
    protected void onCreate(Bundle savedInstanceState) {
        super.onCreate(savedInstanceState);
        setContentView(R.layout.main);
        resultTextView = (TextView) this.findViewById(R.id.tv_scan_result);

        Button scanBarCodeButton = (Button) this.findViewById(R.id.btn_scan_barcode);
        scanBarCodeButton.setOnClickListener(new OnClickListener() {
            @Override
            public void onClick(View v) {
                Intent openCameraIntent = new Intent(MainActivity.this,CaptureActivity.class);
startActivityForResult(openCameraIntent, 0);
            }
        });
    }
    @SuppressLint("NewApi") @Override
    protected void onActivityResult(int requestCode, int resultCode, Intent data) {
        super.onActivityResult(requestCode, resultCode, data);
        if (resultCode == RESULT_OK) {
            //利用“,”分割的二维码字符串，如牛奶,201508151122,2.5

            //Bundle存储获取到的信息
            Bundle bundle = data.getExtras();
```

```
                //获取Bundle中以result为标签的字符
                String scanResult = bundle.getString("result");
                //截取以"；|，"为分隔符的字符串
                String [] result = scanResult.split(",|，");
                //如果长度不够则返回数据错误
                if(result.length<3)
                {
                 Toast.makeText(MainActivity.this, "请扫描正确的二维码！", Toast.LENGTH_
SHORT).show();
                return;
                }
            resultTextView.setText("商品名称:"+result[0]+"\n商品编号:"+result[1]+"\n商品价
格:"+result[2]);
        }
    }
    @Override
    public boolean onCreateOptionsMenu(Menu menu) {
        // Inflate the menu; this adds items to the action bar if it is present.
        getMenuInflater().inflate(R.menu.main, menu);
        return true;
    }
}
```

任务3　预警信息振动提示

任务目标

1．掌握Android系统服务

2．掌握Android权限的使用

Android设计界面如图2-4所示。当有传感器读取到有火焰时，界面更新显示有火，同时手机发生振动提醒。

扫码观看本任务操作视频

知识准备

1．系统服务简介

通常在Android手机中有很多的内置软件来完成系统的基本功能。例如，当手机接到来电时，会显示对方的电话号码；也可以根据周围的环境将手机设置成振动或静音；还可以获得当前所有的位置信息等。那怎样才能把这些功能添加到手机应用中呢？答案就是“系统服务”。在Android系统中提供了很多这种服务，通过这些服务，可以更加有效地管理Android系统。

（1）系统服务

Android系统提供的服务，见表7-2。

表7-2 Android系统提供的服务

服务名称	返回的对象	服务说明
WINDOW_SERVICE	WindowManager	管理打开的窗口程序
LAYOUT_INFLATER_SERVICE	LayoutInflater	取得xml里定义的view
ACTIVITY_SERVICE	ActivityManager	管理应用程序的系统状态
POWER_SERVICE	PowerManger	电源的服务
ALARM_SERVICE	AlarmManager	闹钟的服务
NOTIFICATION_SERVICE	NotificationManager	状态栏的服务
KEYGUARD_SERVICE	KeyguardManager	键盘锁的服务
LOCATION_SERVICE	LocationManager	位置的服务，如GPS
SEARCH_SERVICE	SearchManager	搜索的服务
VIBRATOR_SERVICE	Vibrator	手机振动的服务
CONNECTIVITY_SERVICE	Connectivity	网络连接的服务
WIFI_SERVICE	WifiManager	Wi-Fi服务
TELEPHONY_SERVICE	TelephonyManager	电话服务
INPUT_METHOD_SERVICE	InputMethodManager	输入法服务
UI_MODE_SERVICE	UiModeService	人机界面模式服务
DOWNLOAD_SERVICE	DownloadService	网络下载服务

（2）获得系统服务

系统服务实际上可以看成一个对象，通过Activity类的getSystemService方法可以获得指定的对象（系统服务）。getSystemService方法只有一个String类型的参数，表示系统服务的ID，这个ID在整个Android系统中是唯一的。例如，audio表示音频服务，window表示窗口服务，notification表示通知服务。

2. 权限简介

开发Android经常会出现调用一些函数检查了几遍都没有问题，程序却一直有错的情况，这时候就要想想是否已经在androidmanifest. xml中声明了相关的权限。因为为了让系统更加安全，当程序执行一些安全敏感项时就必须调用相关权限。

Android常用权限见表7-3。

表7-3　Android 常用权限

读/写存储卡 安装和卸载文件系统	android.permission.READ_EXTERNAL_STORAGE android.permission.WRITE_EXTERNAL_STORAGE android.permission.MOUNT_UNMOUNT_FILESYSTEMS
网络连接	android.permission.INTERNET android.permission.ACCESS_NETWORK_STATE android.permission.ACCESS_WIFI_STATE android.permission.CHANGE_WIFI_STATE
开机启动	android.permission.RECEIVE_BOOT_COMPLETED
精准的GPS位置 基于网络的粗略的位置 获取模拟定位信息（调试）	android.permission.ACCESS_FINE_LOCATION android.permission.ACCESS_COARSE_LOCATION android.permission.ACCESS_MOCK_LOCATION
广播、读取、发送、接收、编写短信	android.permission.BROADCAST_SMS android.permission.READ_SMS android.permission.SEND_SMS android.permission.RECEIVE_SMS android.permission.WRITE_SMS
拨打电话 允许程序拨打电话（任何电话）	android.permission.CALL_PHONE android.permission.CALL_PRIVILEGED
读/写联系人 读/写通话记录	android.permission.READ_CONTACTS android.permission.WRITE_CONTACTS android.permission.READ_CALL_LOG android.permission.WRITE_CALL_LOG
安装/卸载快捷方式	com.android.launcher.permission.INSTALL_SHORTCUT com.android.launcher.permission.UNINSTALL_SHORTCUT
录音 修改声音设置	android.permission.RECORD_AUDIO android.permission.MODIFY_AUDIO_SETTINGS
振动	android.permission.VIBRATE
读取手机状态	android.permission.READ_PHONE_STATE
安装和卸载文件系统	android.permission.MOUNT_UNMOUNT_FILESYSTEMS
查阅敏感日志数据	android.permission.READ_LOGS
发送持久广播	android.permission.BROADCAST_STICKY
修改全局系统设置	android.permission.WRITE_SETTINGS
唤醒	android.permission.WAKE_LOCK
关闭程序	android.permission.RESTART_PACKAGES android.permission.KILL_BACKGROUND_PROCESSES
Android浏览器插件开发	android.webkit.permission.PLUGIN
禁用键盘锁	android.permission.DISABLE_KEYGUARD
读/写浏览器收藏夹的历史记录	com.android.browser.permission.READ_HISTORY_BOOKMARKS com.android.browser.permission.WRITE_HISTORY_BOOKMARKS
调用Camera	android.permission.CAMERA

任务实现

1）创建一个名为AndroidDemo7_3的Android项目。

2）将项目2中任务3的布局文件导入到本项目中作为本项目的布局文件，如图2-4所示。

3）在src文件夹中新建BasePort.java类，自定义openADAMPort()与closeADAMPort()方法完成对串口的打开与关闭功能。

```
public class BasePort {

    /**
    *  打开ADAM4150串口
    * @param com 串口号, 如COM0、COM1、COM2
    * @param mode  区分是 USB 串口还是 COM 串口,0 表示 COM,
              1 表示 USB,2 表示是低频还是超高频
      * @param baudRate (0-9)波特率 0=1200 1=2400 2=4800 3=9600 4=19200 5=38400
6=57600 7=115200 8=230400 9=921600
    * @return 串口句柄
    */
    public int openADAMPort(int com,int mode,int baudRate){
    return Analog4150ServiceAPI.openPort(com, mode, baudRate);
    }

    /**
    * 关闭ADAM4150串口
    */
    public void closeADAMPort(){
        Analog4150ServiceAPI.closeUart();
    }
}
```

4）在src文件夹中新建ADAM4150.java类，本类继承以前新建的BasePort.java类完成人体传感器以及火焰传感器的读取，并实现风扇的开关功能。

风扇的开关功能以及风扇开关命令的定义如下：

```
public class ADAM4150 extends BasePort{
    // 定义开关风扇命令,这些命令是协议里有的，如果需要了解详细解析请浏览协议文档
    private final char[] open1Fen = { 0x01, 0x05, 0x00, 0x10, 0xFF, 0x00, 0x8D,
            0xFF };
    private final char[] close1Fen = { 0x01, 0x05, 0x00, 0x10, 0x00, 0x00,
            0xCC, 0x0F };
    private final char[] open2Fen = { 0x01, 0x05, 0x00, 0x11, 0xFF, 0x00, 0xDC,
```

```
            0x3F };
    private final char[] close2Fen = { 0x01, 0x05, 0x00, 0x11, 0x00, 0x00,
            0x9D, 0xCF };
    public void openFan1(){

    Analog4150ServiceAPI.sendRelayControl(open1Fen);
    }
   //打开2风扇
   public void openFan2(){
   Analog4150ServiceAPI.sendRelayControl(open2Fen);
    }
    //关闭1风扇
    public void closeFan1(){
    Analog4150ServiceAPI.sendRelayControl(close1Fen);
    }
    //关闭2风扇
    public void closeFan2(){

    Analog4150ServiceAPI.sendRelayControl(close2Fen);
    }
}
```

使用本类的构造方法进行火焰传感器与人体传感器的读取并返回。其代码如下：

```
public static int mADAM4150_fd = 0;
    private String rePerson;
    private boolean reFire;
    public ADAM4150 (int com,int mode,int baudRate){
        //打开串口
        mADAM4150_fd = openADAMPort(com, mode, baudRate);
        ReceiveThread mReceiveThread = new ReceiveThread();
        mReceiveThread.start();
        //设置人体回调函数，人体传感器接入DI0
        Analog4150ServiceAPI.getPerson("person", new OnPersonResponse() {

            @Override
            public void onValue(String arg0) {
                rePerson = arg0;
            }

            @Override
            public void onValue(boolean arg0) {
            }
    });
     // 人体接入00，火焰接入DO1，烟雾接入DO2
```

```
    Analog4150ServiceAPI.getFire("fire", new OnFireResponse() {

            @Override
            public void onValue(String arg0) {

            }
            @Override
            public void onValue(boolean arg0) {
                    reFire = arg0;
            }
    });
  }
  /**
   * 获取人体值
   * @return 人体值，true为有人，false 为无人
   */
  public String getPerson(){
        return rePerson;
}
  /**
   * 获取火焰
   * @return火焰值，true为有火，false为无火
   */
  public boolean getFire(){
        return reFire;
}
```

5）在MainActivity.java类中自定义方法InitView()初始化控件和打开串口，并在Oncreate()方法中调用该方法，在重写onDestroy()方法中实现关闭串口功能。其代码如下：

```
public class MainActivity extends AppCompatActivity {

    private TextView mTvPerson,mTvFire;
    private ImageView mImgFire;
    private ADAM4150 mAdam4150;

  @Override
    protected void onCreate(Bundle savedInstanceState) {
        super.onCreate(savedInstanceState);
        setContentView(R.layout.activity_main);
        initView();
    }
  private void initView() {
         mTvPerson = (TextView)findViewById(R.id.tvPerson);
```

```
        mTvFire = (TextView)findViewById(R.id.tvFire);
        mImgFire = (ImageView)findViewById(R.id.imgFire);
        //ADAM4150接入COM1口
        mAdam4150 = new ADAM4150(1, 0, 3);
        mHandler.postDelayed(mRunnable, ms);
}
```

6）声明一个Handler对象，回调火焰传感器与人体传感器的值并在主界面中显示，判断是否有火，若有火，则调用振动方法使手机振动。其代码如下：

```
private int ms = 300;//每300ms运行一次
   //声明一个Handler对象
   private Handler mHandler = new Handler();
   //声明一个Runnable对象
   private Runnable mRunnable = new Runnable() {
        @Override
        public void run() {
             //设置多少秒后执行
             mHandler.postDelayed(mRunnable, ms);
             //如果为真，则显示有人，反之显示无人
   mTvPerson.setText(mAdam4150.getPerson());
             mTvFire.setText(mAdam4150.getFire()? "有火":"无火");
             //如果为真，则设置火焰图片，反之隐藏火焰图片
             if(mAdam4150.getFire()){
             mImgFire.setVisibility(View.VISIBLE);
                          //设置振动时长，单位为ms
                          long ms = 500;
                          //调用振动方法
                          Vibrate(MainActivity.this, ms);
                   }else{
                          mImgFire.setVisibility(View.GONE);
             }
        }
   };
```

7）自定义Vibrate()方法调用系统自身的服务，实现振动功能。其代码如下：

```
public static void Vibrate(final Activity activity, long milliseconds) {
              //获取Activity系统设置服务，强制转换成Vibrator类型
              Vibrator vib = (Vibrator) activity.getSystemService(Service.VIBRATOR_SERVICE);
              //Vibrator设置振动时间
              vib.vibrate(milliseconds);
}
```

8）在initView()方法中，实现Handler的调用。其代码如下：

```
mHandler.postDelayed(mRunnable, ms);
```

9）在AndroidManifest. xml中添加允许振动权限。其代码如下：

```
<uses-permission android:name="android.permission.VIBRATE" />
```

任务4　通风风扇动画演示

使用Android动画技术实现读取人体传感器值，若有人，则界面中的门打开，如图2-9所示。单击界面中的“风扇”，则风扇转动。

任务目标

1．掌握Android下Tween动画的实现

2．掌握Android下Frame动画的实现

3．掌握Android下播放GIF动画文件

扫码观看本任务操作视频

知识准备

Android平台提供了一套完整的动画框架，使得应用开发者可以用它来实现各种动画效果，如按钮的弹入弹出效果、Activity的切换动画、文本图片的旋转效果等。Android平台的动画分3个部分，在Android 3.0版本以前支持两种动画，分别为补间动画（Tween Animation）和逐帧动画（Frame Animation）；在Android 3.0版本中新加入的动画叫属性动画（Property Animation）。下面介绍前两种动画，以及GIF动画的播放。

1．Tween动画

Tween动画是通过对场景中的对象不断做图像变换（平移、缩放、旋转、改变透明度）产生动画效果，但是该动画只能应用于View对象，并且只支持一部分属性，如支持缩放旋转，而不支持背景颜色的改变。该动画的实现方式其实就是预先定义一组指令，这些指令指定了图形变换的类型、触发时间、持续时间。这些指令可以是以XML文件方式定义，也可以是以源代码方式定义。程序沿着时间线执行这些指令就可以实现动画效果。

（1）使用XML来定义Tween动画

动画的XML文件在res/anim目录下，该文件必须包含一个根元素，可以使<alpha><scale> <translate> <rotate>插值元素都放入<set>元素组中。默认情况下，所有的动画指令都是同时发生

的，为了让它们按序列发生，需要设置一个特殊的属性startOffset。动画的指令定义了想要发生什么样的转换，若它们发生了，应该执行多长时间，转换可以是连续的也可以是同时的。例如，让文本内容从左边移动到右边，然后旋转180°，或者在移动的过程中同时旋转，每个转换需要设置一些特殊的参数，如开始和结束的旋转角度等，也可以设置一些基本的参数（如开始时间与周期）。如果让几个转换同时发生，则可以给它们设置相同的开始时间。如果按序列发生，则计算开始时间加上其周期。

在XML文件中加入如下XML动画代码：

```
<?xml version=" 1.0"  encoding=" utf-8" ?>
<set xmlns:android=" http://schemas.android.com/apk/res/android" >
  <alpha/>
  <scale/>
  <translate/>
  <rotate/>
 </set>
```

（2）在代码中定义动画

其核心代码如下：

```
private Animation myAnimation_Alpha;
private Animation myAnimation_Scale;
private Animation myAnimation_Translate;
private Animation myAnimation_Rotate;
//根据各自的构造方法来初始化一个实例对象
myAnimation_Alpha=new AlphaAnimation(0.1f, 1.0f);
myAnimation_Scale =new ScaleAnimation(0.0f, 1.4f, 0.0f, 1.4f,
Animation.RELATIVE_TO_SELF, 0.5f, Animation.RELATIVE_TO_SELF, 0.5f);
myAnimation_Translate=new TranslateAnimation(30.0f, -80.0f, 30.0f, 300.0f);
myAnimation_Rotate=new RotateAnimation(0.0f, +350.0f,  Animation.RELATIVE_TO_
SELF,0.5f,Animation.RELATIVE_TO_SELF, 0.5f);
```

（3）实现原理

Tween动画是建立在View的级别上的，在View类中有一个接口startAnimation来使动画开始，startAnimation函数将一个Animation类别的参数传给View。这个Animation是用来指定使用的是哪种动画，现有的动画类型有平移、缩放、旋转及alpha变换等。

如果需要更复杂的效果，则可以将这些动画组合起来。

要了解Android动画是如何画出来的，首先要了解Android的View是如何组织在一起的，以及它们是如何画自己的内容的。每一个窗口就是一棵View树，绘制整个窗口需要按顺序执行以下几个步骤：

1）绘制背景。

2）如果需要，则保存画布（Canvas）的层为淡入或淡出做准备。

3）绘制View本身的内容，通过调用View. onDraw（canvas）函数实现。onDraw函数中绘制线条、圆或文字等功能会调用Canvas中对应的功能。

4）绘制自己的孩子（通常也是一个View系统），通过dispatchDraw（canvas）实现，参看ViewGroup. Java中的代码可知，dispatchDraw→drawChild→child. draw（canvas）这样的调用过程被用来保证每个子View的draw函数都被调用。通过这种递归调用，让整个View树中的所有View的内容都得到绘制。在调用每个子View的draw函数之前，需要绘制的View的绘制位置是在Canvas中通过调用translate函数来进行切换的，窗口中的所有View共用一个Canvas对象。

5）根据需要，绘制淡入、淡出相关的内容并恢复保存的画布所在的层（layer）。

6）绘制修饰的内容（如滚动条），要实现滚动条效果并不需要ScrollView，可以在View中完成。

当一个ChildView要重画时，它会调用其成员函数invalidate()，通知其ParentView这个ChildView要重画，这个过程一直向上传递直到ViewRoot，当ViewRoot收到这个通知后，就会调用上面提到的ViewRoot中的draw函数从而完成绘制。View::onDraw()有一个画布参数Canvas, Android会为每一个View设置好画布，View就可以调用Canvas的方法，如drawText、drawBitmap、drawPath等去画内容。每一个ChildView的画布是由其ParentView设置的，ParentView根据ChildView在其内部的布局来调整Canvas，其中画布的属性之一就是定义和ChildView相关的坐标系。默认横轴为X轴，从左至右，值逐渐增大；竖轴为Y轴，从上至下，值逐渐增大。

Android动画就是通过ParentView来不断调整ChildView的画布坐标系来实现的，下面以平移动画来做示例。假设在动画开始时，ChildView在ParentView中的初始位置在（100, 200）处，这时ParentView会根据这个坐标来设置ChildView的画布，在ParentView的dispatchDraw中发现ChildView有一个平移动画，而且当前的平移位置是（100, 200），于是它通过调用画布的函数traslate（100, 200）来告诉ChildView在这个位置开始画，这就是动画的第一帧。如果ParentView发现ChildView有动画，就会不断地调用invalidate()这个函数，这样会导致自己不断地重画，因此会不断地调用dispatchDraw这个函数，这样就产生了动画的后续帧。当再次进入dispatchDraw时，ParentView根据平移动画产生出第二帧的平移位置（500, 200），然后继续执行上述操作，产生第三帧、第四帧……直到动画播完。

用户可以定义自己的动画类，只需要继承Animation类，然后重写applyTransformation这个函数。对动画来说，其行为主要靠差值点来决定。Android提供了一个Interpolator

的基类，要实现什么样的速度可以重写其函数getInterpolation，在Animation的getTransformation中生成差值点时，会用到这个函数。从上面的动画机制的分析可知，某一个View的动画绘制并不是由它自己完成的，而是由它的ParentView完成的。findViewById（R.id.TextView01）.startAnimation（anim）这个代码其实是给这个TextView设置了一个Animation，而不是进行实际的动画绘制，代码如下：

```
public void startAnimation(Animation animation) { animation.setStartTime(Animation.START_ON_FIRST_FRAME); setAnimation(animation); invalidate(); }
```

2．Frame动画

Frame动画是顺序播放事先准备好的图像，类似于放电影。其实现方法比较简单，在XML中的定义方式如下：

```
<animation-list xmlns:android=http://schemas.android.com/apk/res/android android:oneshot="true">
<item android:drawable="@drawable/pic1" android:duration="200" />
<item android:drawable="@drawable/pic2" android:duration="200" />
<item android:drawable="@drawable/pic3" android:duration="200" />
</animation-list>
```

必须以<animation-list>为根元素，以<item>表示要轮换显示的图片，duration属性表示各项显示的时间。XML文件要放在/res/drawable/目录下。示例：

```
ImageView imageView = (ImageView) findViewById(R.id.imageView1);
imageView.setBackgroundResource(R.drawable.drawable_anim);
anim = (AnimationDrawable) imageView.getBackground();
anim.start();
```

注意：要用AnimationDrawable的start()方法来启动动画，不管动画是否完毕，想要第二次启动动画一定要先调用它的stop()方法才可以再次启动动画。

3．GIF动画播放

在默认情况下，Android平台上是不能播放GIF动画的。要想播放GIF动画，需要先对GIF图像进行解码，然后将GIF中的每一帧取出来保存到一个容器中，根据需要连续绘制每一帧，这样就可以轻松地实现GIF动画的播放。

任务实现

1）创建一个名为AndroidDemo7_4的Android项目，并将项目2中任务8的完成布局界面导入到本项目中，如图2-9所示。

2）自定义BasePort.java类，在此类中完成串口打开和关闭功能。其代码如下：

```
public class BasePort {
```

```
/**
 * 打开ADAM4150串口
 * @param com 串口号，如COM0、COM1、COM2
 * @param mode 区分是 USB 串口还是 COM 串口,0 表示 COM,
     1 表示 USB,2 表示是低频还是超高频
  * @param baudRate (0-9)波特率 0=1200 1=2400 2=4800 3=9600 4=19200 5=38400
6=57600 7=115200 8=230400 9=921600
 * @return 串口句柄
 */
 public int openADAMPort(int com,int mode,int baudRate){
     AnalogHelper.com = Analog4150ServiceAPI.openPort(com, mode, baudRate);
     return Analog4150ServiceAPI.openPort(com, mode, baudRate);
 }

 /**
  * 关闭ADAM4150串口
*/
 public void closeADAMPort(){
     Analog4150ServiceAPI.closeUart();
 }
}
```

3）自定义ADAM4150.java类，实现读取人体传感器的值，并通过串口实现打开关闭风扇的功能。其代码如下：

```
public class ADAM4150 extends BasePort{

    // 定义开关风扇命令,这些命令是协议里有的，如果需要了解详细解析请浏览协议文档
    private final char[] open1Fen = { 0x01, 0x05, 0x00, 0x10, 0xFF, 0x00, 0x8D,
                0xFF };
    private final char[] close1Fen = { 0x01, 0x05, 0x00, 0x10, 0x00, 0x00,
                0xCC, 0x0F };
    private final char[] open2Fen = { 0x01, 0x05, 0x00, 0x11, 0xFF, 0x00, 0xDC,
                0x3F };
    private final char[] close2Fen = { 0x01, 0x05, 0x00, 0x11, 0x00, 0x00,
                0x9D, 0xCF };


    public static int mADAM4150_fd = 0;
    private String rePerson="";
    public ADAM4150 (int com,int mode,int baudRate){
        //打开串口
        mADAM4150_fd = openADAMPort(com, mode, baudRate);
```

```
        ReceiveThread mReceiveThread = new ReceiveThread();
        mReceiveThread.start();

        //设置人体回调函数，人体传感器接入DI0
         Analog4150ServiceAPI.getPerson("person", new OnPersonResponse() {

                    @Override
                    public void onValue(String arg0) {
                        //设置人体的值
                        rePerson = arg0;
                    }

                    @Override
                    public void onValue(boolean arg0) {
                    }
            });
    }
    /**
     * 获取人体
     * @return 人体值true为有人，false 为无人
     */
    public String getPerson(){
        return rePerson;
    }

    //打开1风扇
    public void openFan1(){
        Analog4150ServiceAPI.sendRelayControl(open1Fen);
    }
    //打开2风扇
    public void openFan2(){
        Analog4150ServiceAPI.sendRelayControl(open2Fen);
    }
    //关闭1风扇
    public void closeFan1(){
        Analog4150ServiceAPI.sendRelayControl(close1Fen);
    }
    //关闭2风扇
    public void closeFan2(){
        Analog4150ServiceAPI.sendRelayControl(close2Fen);
    }

}
```

4）将所需图片导入到drawable-hdpi文件夹中。在res文件夹中新建anim文件夹，新建door_close. xml和door_start. xml文件完成间隔为40ms的补间动画。

door_close. xml文件内容如下：

```
<?xml version="1.0" encoding="utf-8"?>
<animation-list xmlns:android="http://schemas.android.com/apk/res/android"
  android:oneshot="true" >

  <item
    android:drawable="@drawable/d11"
    android:duration="40"/>
  <item
    android:drawable="@drawable/d10"
    android:duration="40"/>
  <item
    android:drawable="@drawable/d9"
    android:duration="40"/>
  <item
    android:drawable="@drawable/d8"
    android:duration="40"/>
  <item
    android:drawable="@drawable/d7"
    android:duration="40"/>
  <item
    android:drawable="@drawable/d6"
    android:duration="40"/>
  <item
    android:drawable="@drawable/d5"
    android:duration="40"/>
  <item
    android:drawable="@drawable/d4"
    android:duration="40"/>
  <item
    android:drawable="@drawable/d3"
    android:duration="40"/>
  <item
    android:drawable="@drawable/d2"
    android:duration="40"/>
  <item
    android:drawable="@drawable/d1"
    android:duration="40"/>
</animation-list>
```

door_start.xml文件内容如下：

```
<?xml version="1.0" encoding="utf-8"?>
<animation-list xmlns:android="http://schemas.android.com/apk/res/android"
  android:oneshot="true" >

  <item
    android:drawable="@drawable/d1"
    android:duration="40"/>
  <item
    android:drawable="@drawable/d2"
    android:duration="40"/>
  <item
    android:drawable="@drawable/d3"
    android:duration="40"/>
  <item
    android:drawable="@drawable/d4"
    android:duration="40"/>
  <item
    android:drawable="@drawable/d5"
    android:duration="40"/>
  <item
    android:drawable="@drawable/d6"
    android:duration="40"/>
  <item
    android:drawable="@drawable/d7"
    android:duration="40"/>
  <item
    android:drawable="@drawable/d8"
    android:duration="40"/>
  <item
    android:drawable="@drawable/d9"
    android:duration="40"/>
  <item
    android:drawable="@drawable/d10"
    android:duration="40"/>
  <item
    android:drawable="@drawable/d11"
    android:duration="40"/>
</animation-list>
```

5）使用<rotate>标签实现风扇转动动画。其代码如下：

```
<?xml version="1.0" encoding="utf-8"?>
<set xmlns:android="http://schemas.android.com/apk/res/android">
  <rotate
```

```
        android:interpolator="@android:anim/accelerate_interpolator"
        android:fromDegrees="0"
        android:toDegrees="360"
        android:pivotX="50%"
        android:pivotY="50%"
        android:duration="1000"
        android:repeatCount="-1"
        android:repeatMode="restart">
    </rotate>

</set>
```

6）在MainActivity.java类中自定义initView()方法实现对控件的初始化，加载动画放入Animation对象中，同时设置动画变化速度为匀速。其代码如下：

```
public void initView() {
        wallFan = (ImageView) findViewById(R.id.wall_fan);
        door = (ImageView) findViewById(R.id.door);
        //加载动画放入Animation对象中
        fanRotate = AnimationUtils.loadAnimation(this, R.anim.fan_rotate);
        LinearInterpolator lir = new LinearInterpolator();
        //设置动画变化速度为匀速
        fanRotate.setInterpolator(lir);
        }
```

7）使用Handler对象判定读取到的人体传感器的值，并在UI界面中显示动画。在initView()方法中延时调用该Handler实例化ADAM4150类库打开串口。其代码如下：

```
int ms =500;
    Handler mHandler = new Handler();
    Runnable mRunnable = new Runnable() {

        @Override
        public void run() {
            mHandler.postDelayed(mRunnable, ms);
            //如果感觉有人，就打开门
            if(mADAM4150.getPerson().equals("有人")){
                if(!doorIsOpen){
                    System.out.println("打开");
                    //设置门的背景
            door.setBackgroundResource(R.anim.door_open);
                    doorAnim = (AnimationDrawable) door.getBackground();
                    //启动开门动画
                    doorAnim.start();
                    doorIsOpen = true;
```

```
                }
            }else{
                if(doorIsOpen){
                    System.out.println("关闭");
                    door.setBackgroundResource(R.anim.door_close);
                    doorAnim = (AnimationDrawable) door.getBackground();
                    //启动关门动画
                    doorAnim.start();
                    doorIsOpen = false;
                }
            }
        }
    };

    public void initView() {
            //实例化ADAM4150类库
            mADAM4150 = new ADAM4150(1, 0, 3);
            //利用Handler启动线程判断人体值
            mHandler.postDelayed(mRunnable, ms);
    }
```

8）新建initListener()方法完成风扇图片的单击事件，即单击风扇图片，界面中的风扇转动动画开始，设备上的风扇转动，再次单击风扇图片，动画关闭，设备上的风扇同时关闭。其代码如下：

```
    public void initListener() {

        // 风扇
        wallFan.setOnClickListener(new OnClickListener() {

            @Override
            public void onClick(View v) {
            if (!fanIsRun) {
                //开始动画
                wallFan.startAnimation(fanRotate);
                try {
                    //休眠50ms
                    Thread.sleep(50);
                } catch (InterruptedException e) {
                    // TODO Auto-generated catch block
                    e.printStackTrace();
                }
                //打开风扇
                mADAM4150.openFan1();
                fanIsRun = true;
            } else {
                //停止动画
                wallFan.clearAnimation();
```

```
                try {
                    //休眠50ms
                    Thread.sleep(50);
                } catch (InterruptedException e) {
                    // TODO Auto-generated catch block
                    e.printStackTrace();
                }
                //关闭风扇
                mADAM4150.closeFan1();
                fanIsRun = false;
            }
        }

    });
}
```

项目小结

本项目介绍了有关多媒体开发的Android知识。通过实例讲解了MediaPlayer、MediaRecorder及Camera类的常用方法和使用方法，同时介绍了Android中补间动画、逐帧动画和GIF动画的播放方法。

Project 8

项目8 数据传输的实现

学习目标

Android开发中最重要的组成部分就是通过网络与服务器端的交互操作，以获取数据。本项目介绍了Android中基本的网络连接并结合实例实现网络与服务器端的连接和数据的传递。

本项目的学习要点如下：

- 掌握Android与Socket程序间的交互操作。
- 掌握WebView组件与服务器端的交互。
- 掌握Android通过HTTP进行操作。

项目目标（见图8-1）

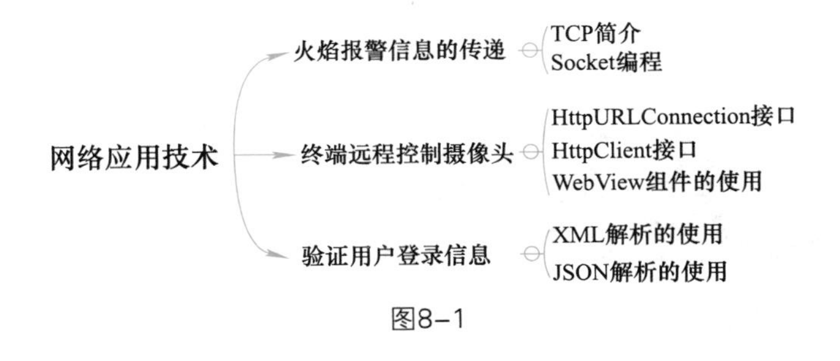

图8-1

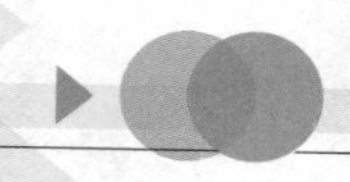

任务1　火焰报警信息的传递

任务目标

1．理解TCP原理

2．掌握Android Socket编程

3．掌握Android中JSON的解析方法

扫码观看本任务操作视频

1）运行Android客户端，界面效果如图8-2所示。实时读取火焰传感器的值，若发生火情，则将火情信息发送到服务器端。

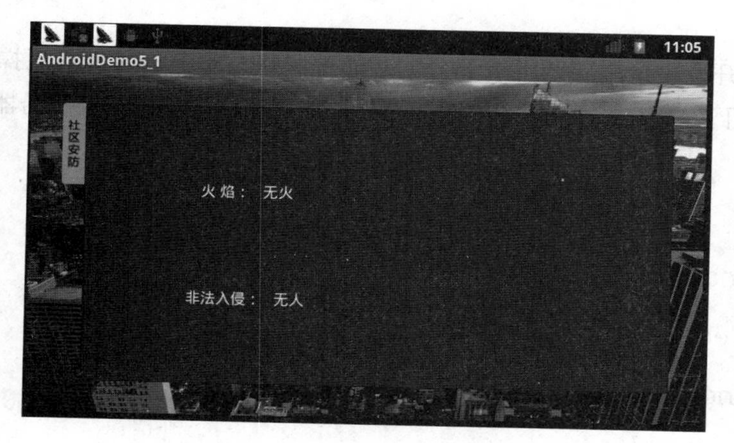

图8-2

2）创建一个.net程序，运行之后的显示效果如图8-3所示。等待客户端连接，若客户端读取到发生火情，则将火焰信息传递给服务器端并推送到LED屏中显示。

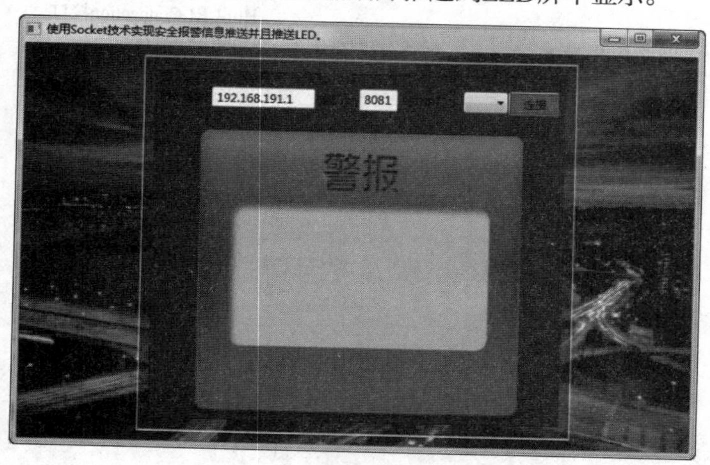

图8-3

1．TCP简介

TCP是一种可靠的面向连接的传送服务。它在传送数据时是分段进行的，主机交换数据必须建立一个会话。它用比特流通信，即数据作为无结构的字节流。通过每个TCP传输的字段指定顺序号，以获得可靠性。TCP使用IP的网间互联功能提供可靠的数据传输，IP不停地把报文放到网络上，而TCP负责确信报文到达。在协同IP的操作中TCP负责握手过程、报文管理、流量控制、错误检测和处理（控制）。

（1）TCP通过以下方式提供可靠性

应用程序被分割为TCP认为的合适发送的数据块。由TCP传递给IP的信息单位叫报文段。

当TCP发出一个报文段后，它启动一个定时器，等待目的端确认收到这个报文段。如果不能即时收到一个确认，它就重发这个报文段。

当TCP收到发自TCP连接另一端的数据，它将发送一个确认。这个确认不是立即发送，而是通常延迟几分之一秒。

TCP将保持它的首部和数据的检验和。这是一个端到端的检验和，目的是检测数据在传输过程中的任何变化。如果收到报文段的检验和有差错，则TCP将丢弃这个报文段，不确认收到这个报文段。

TCP报文段作为IP数据报来传输，而IP数据报的到达可能失序，因此TCP报文段的到达也可能失序。如果必要，TCP将对收到的数据进行排序，将收到的数据以正确的顺序交给应用层。IP数据报会发生重复，TCP连接端必须丢弃重复的数据。

TCP还能提供流量控制，TCP连接的每一方都有固定大小的缓冲区。TCP的接收端只允许另一端发送接收端缓冲区所能接纳的数据。这将防止较快主机致使较慢主机的缓冲区溢出。

（2）TCP首部

TCP数据被封装在一个IP数据报中，格式如下

IP首部20	TCP首部20	TCP首部

TCP首部格式如图8-4所示。

<table>
<tr><td colspan="9">32位端口号</td><td></td></tr>
<tr><td colspan="6">16位源端口号</td><td colspan="3">16位目的端口号</td><td rowspan="5">20字节</td></tr>
<tr><td colspan="9">32位序号</td></tr>
<tr><td colspan="9">32位确认序号</td></tr>
<tr><td>数据偏移（4位）</td><td>保留（6位）</td><td>URG</td><td>ACK</td><td>PSH</td><td>RST</td><td>SYN</td><td>FIN</td><td>16位窗口大小</td></tr>
<tr><td colspan="7">16位检验和</td><td colspan="2">16位紧急指针</td></tr>
<tr><td colspan="9">选项</td><td></td></tr>
<tr><td colspan="9">数据</td><td></td></tr>
</table>

图8-4

各个字段的含义如下。

① 32位端口号：源端口和目的端口各占16位，2^{16}=65 536。

② 16位源端口号：源端口号是指发送数据的源主机的端口号，16位的源端口中包含初始化通信的端口。源端口和源IP地址的作用是标识报文的返回地址。

③ 16位目的端口号：目的端口号是指接收数据的目的主机的端口号，16位的目的端口域定义传输的目的地。这个端口指明报文接收计算机上的应用程序地址端口。

④ 32位确认序号：也称为顺序号（Sequence Number, SEQ），TCP是面向字节流的，在一个TCP连接中传送的字节流中的每一个字节都按顺序编号。整个要传送的字节流的起始序号必须在连接建立时设置。首部中的序号字段值是指本报文段所发送的数据的第一个字节的序号。

⑤ 数据偏移（4位）：指出TCP报文段的数据起始处距离TCP报文段的起始处有多远，整个字段实际上指明了TCP报文段的首部长度。

⑥ 保留（6位）：为了将来定义新的用途而保留的位，但目前应置为0。

1）每个TCP段都包括源端和目的端的端口号，用于寻找发送端和接收端的应用进程。这两个值加上IP首部的源端IP地址和目的端IP地址确定唯一一个TCP连接。

2）序号用来标识从TCP发送端向接收端发送的数据字节流，它表示在这个报文段中的第一个数据字节。如果将字节流看作在两个应用程序间的单向流动，则TCP用序号对每个字节进行计数。

3）当建立一个新连接时，SYN标志变为1。序号字段包含由这个主机选择的该连接的初始序号ISN。该主机要发送数据的第一个字节的序号为这个ISN加1，因为SYN标志使用了一个序号。

4）每个被传输的字节都被计数，确认序号包含发送确认的一端所期望收到的下一个序号。因此，确认序号应当是上次已成功收到的数据字节序号加1。只有ACK标志为1时，确认序号字段才有效。

5）发送ACK无须任何代价，因为32位确认序号字段和ACK标志一样，总是TCP首部的一部分。因此一旦一个连接建立起来，这个字段总是被设置，ACK标志也总是被设置为1。

6）TCP为应用层提供全双工的服务。因此，连接的每一端必须保持每个方向上的传输数据序号。

7）TCP可以表述为一个没有选择确认或否认的滑动窗口协议。因此，TCP首部中的确认序号表示发送方已成功收到字节，但还不包含确认序号所指的字节，当前还无法对数据流中选定的部分进行确认。

8）首部长度需要设置，因为任选字段的长度是可变的。TCP首部最多包括60个字节。

9）6个标志位中的多个可同时设置为1。

① URG：紧急指针有效。

② ACK：确认序号有效。

③ PSH：接收方应尽快将这个报文段交给应用层。

④ RST：重建连接。

⑤ SYN：同步序号用来发起一个连接。

⑥ FIN：发送端完成发送任务。

10）TCP的流量控制由连接的每一端通过声明的窗口大小来提供。窗口大小为字节数，起始于确认序号字段指明的值，这个值是接收端期望接收的字节数。窗口大小是一个16位的字段，因而窗口大小最大为65 535字节。

11）检验和覆盖整个TCP报文端：TCP首部和TCP数据。这是一个强制性的字段，一定是由发送端计算和存储，并由接收端进行验证。TCP检验和的计算和UDP首部检验和的计算一样，也使用伪首部。

12）紧急指针是一个正的偏移量，和序号字段中的值相加表示紧急数据最后一个字节的序号。TCP的紧急方式是发送端向另一端发送紧急数据的方式。

13）常见的可选字段是最长报文大小MMS，每个连接方通常都在通信的第一个报文段中指明这个选项。它指明本端所能接收的最大长度的报文段。

TCP连接的建立需要通过三次握手才行，而且它的传输是可靠的。因为它传输的数据能够准确地到达客户端。TCP为了保证不发生丢包，就给每个字节一个序号，同时序号也保证了传送到服务端的包的按序接收。然后客户端对已成功收到的字节发回一个相应的确认（ACK）；如果客户端在合理的往返时延（RTT）内未收到确认，那么对应的数据（假设丢失了）将会被重传。TCP用一个校验和函数来检验数据是否有错误，在发送和接收时都要计算和校验。

（3）TCP的三次握手与四次挥手

1）建立连接协议（三次握手）。

① 客户端发送一个带SYN标志的TCP报文到服务器。这是三次握手过程中的报文1。

② 服务器端回应客户端，这是三次握手中的第2个报文。该报文同时带ACK标志和SYN标志。因此它表示对刚才客户端SYN报文的回应，同时又标志SYN给客户端，询问客户端是否准备好进行数据通信。

③ 客户必须再次回应服务段一个ACK报文，这是报文段3。

2）连接终止协议（四次挥手）。

由于TCP连接是全双工的，因此每个方向都必须单独进行关闭。原则是当一方完成它的数据发送任务后，就能发送一个FIN来终止这个方向的连接。收到一个FIN只意味着这一方向上没有数据流动，一个TCP连接在收到一个FIN后仍能发送数据。进行关闭的一方将执行主动关闭，而另一方执行被动关闭。

① TCP客户端发送一个FIN，用来关闭客户端到服务器的数据传送（报文段4）。

② 服务器收到这个FIN，发回一个ACK，确认序号为收到的序号加1（报文段5）。和SYN一样，一个FIN将占用一个序号。

③ 服务器关闭客户端的连接，发送一个FIN给客户端（报文段6）。

④ 客户段发回ACK报文确认，并将确认序号设置为收到序号加1（报文段7）。

（4）Java如何实现TCP

1）TCP/IP通过两端各建立一个Socket，在通信两端形成虚拟链路，实现虚拟链路间的通信。

2）Java对基于TCP的网络通信提供了良好的包装，Java使用Socket对象来代表两端的通信接口，并通过Socket产生I/O流来进行网络通信。通信过程如图8-5所示。

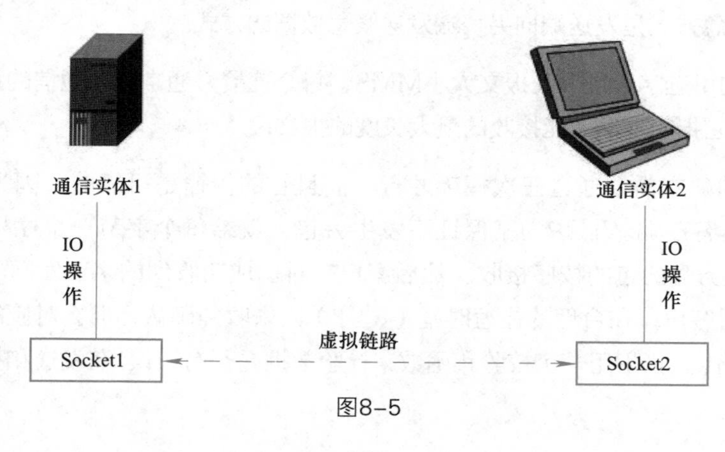

图8-5

2．Socket编程

Android与服务器的通信方式主要有以下两种：HTTP通信和Socket通信。两者的最大差异在于，HTTP连接使用的是“请求—响应方式”，即在请求时建立连接通道，当客户端向服务器发送请求后，服务器才能向客户端返回数据。而Socket通信则是在双方建立起连接后就可以直接进行数据的传输，在连接时可实现信息的主动推送，而不需要每次由客户端向服务器发送请求。Socket又称套接字，在程序内部提供了与外界通信的端口，即端口通信。通过建立Socket连接，可为通信双方的数据传输提供通道。Socket的主要特点有数据丢失率低，使用简单且易于移植。

（1）Socket的定义

Socket是一种抽象层，应用程序通过它来发送和接收数据，使用Socket可以将应用程序添加到网络中，与处于同一网络中的其他应用程序进行通信。简单来说，Socket提供了程序内部与外界通信的端口，并为通信双方提供了数据传输通道。

（2）Socket的分类

根据不同的底层协议，Socket的实现是多样化的。本书中只介绍TCP/IP协议族的内容，在这个协议族中主要的Socket类型为流套接字（StreamSocket）和数据报套接字（DatagramSocket）。流套接字将TCP作为其端对端协议，提供了一个可信赖的字节流服务。数据报套接字使用UDP，提供数据打包发送服务。

（3）Socket基本实现原理

1）基于TCP的Socket。

服务器首先声明一个ServerSocket对象并且指定端口号，然后调用Serversocket的accept()方法接收客户端的数据。accept()方法在没有数据进行接收时处于堵塞状态。（Socketsocket=serversocket. accept()）一旦接收到数据，则通过InputStream读取接收的数据。

客户端创建一个Socket对象，指定服务器的IP地址和端口号（Socketsocket=newSocket(“172. 168. 10. 108”,8080);），通过inputstream读取数据，获取服务器发出的数据（OutputStreamoutputstream=socket. getOutputStream()），最后将要发送的数据写入到OutputStream，即可进行TCP的Socket数据传输。

2）基于UDP的数据传输。

服务器首先创建一个DatagramSocket对象，并且指定监听的端口。接下来创建一个空的DatagramSocket对象用于接收数据（bytedata[]=newbyte[1024;]DatagramSocketpacket=newDatagramSocket（data，data. length）），使用DatagramSocket的receive方法接收客户端发送的数据，receive()与ServerSocket的accepet()类似，在没有数据进行接收时处于堵塞状态。

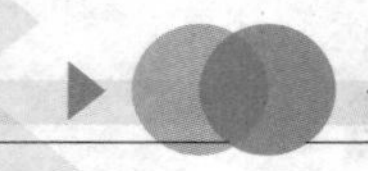

客户端也创建一个DatagramSocket对象，并且指定监听的端口。接下来创建一个InetAddress对象，该对象类似于一个网络的发送地址（InetAddressserveraddress=InetAddress. getByName（“172. 168. 1. 120”））。定义要发送的一个字符串，创建一个DatagramPacket对象，并指定将这个数据报包发送到网络的地址及端口号，最后使用DatagramSocket对象的send()发送数据。

（4）编写Socket程序的一般步骤

1）创建服务器ServerSocket，设置建立连接的port。

2）创建客户机Socket，设置绑定的主机名称或IP地址，指定链接端口号。

3）客户机Socket发送连接请求。

4）建立链接（accept），返回Socket对象，维护输入流和输出流，借助这两个流和客户端通信。

5）取得InputStream和OutputStream。

6）利用InputStream和OutputStream进行数据通信。

（5）Socket连接模型（见图8-6）

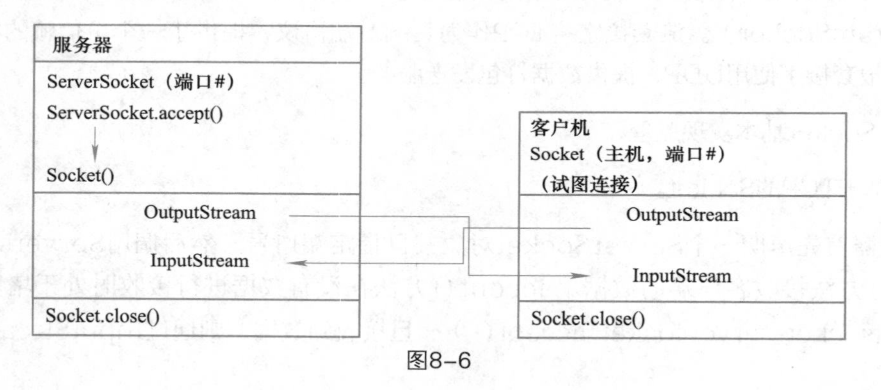

图8-6

任务实现

1）创建一个名为AndroidDemo8_1的Android项目，并把项目2中任务3的界面导入到该项目中，如图2-4所示。

2）在src文件夹下建立BasePort. java文件实现打开和关闭串口功能。其代码如下：

```
package com.example.androiddemo8_1;

import com.example.analoglib.Analog4150ServiceAPI;

public class BasePort {
```

```
    /**
     *  打开ADAM4150串口
     * @param com 串口号，如COM0、COM1、COM2
     * @param mode  区分是 USB 串口还是 COM 串口,0 表示 COM,
          1 表示 USB,2 表示是低频还是超高频
      * @param baudRate (0-9)波特率 0=1200 1=2400 2=4800 3=9600 4=19200 5=38400
6=57600 7=115200 8=230400 9=921600
     * @return 串口句柄
     */
  public int openADAMPort(int com,int mode,int baudRate){
      return Analog4150ServiceAPI.openPort(com, mode, baudRate);
    }

    /**
     * 关闭ADAM4150串口
     */
    public void closeADAMPort(){
         Analog4150ServiceAPI.closeUart();
    }
  }
```

3）在src文件夹中新建类ADAM4150.java，继承自定义的BasePort类，定义开关风扇的命令。其代码如下：

```
public class ADAM4150 extends BasePort{
    // 定义开关风扇命令,这些命令是协议里有的，如果需要了解详细解析请浏览协议文档
    private final char[] open1Fen = { 0x01, 0x05, 0x00, 0x10, 0xFF, 0x00, 0x8D,0xFF };
    private final char[] close1Fen = { 0x01, 0x05, 0x00, 0x10, 0x00, 0x00,0xCC, 0x0F };
    private final char[] open2Fen = { 0x01, 0x05, 0x00, 0x11, 0xFF, 0x00, 0xDC,0x3F };
    private final char[] close2Fen = { 0x01, 0x05, 0x00, 0x11, 0x00, 0x00,0x9D, 0xCF };
```

4）创建ADAM4150类的构造方法，实现对人体传感器与火焰传感器的实时取值，并用get方法返回。其代码如下：

```
    public static int mADAM4150_fd = 0;
    private String rePerson;
    private boolean reFire;
    public ADAM4150 (int com,int mode,int baudRate){
          //打开串口
          mADAM4150_fd = openADAMPort(com, mode, baudRate);
      ReceiveThread mReceiveThread = new ReceiveThread();
      mReceiveThread.start();
        //设置人体回调函数，人体传感器接入DI0
```

```
Analog4150ServiceAPI.getPerson("person", new OnPersonResponse() {
            @Override
            public void onValue(String arg0) {
                rePerson = arg0;
            }
            @Override
            public void onValue(boolean arg0) {
            }
        });
    // 人体接入00，火焰接入DO1，烟雾接入DO2
    Analog4150ServiceAPI.getFire("fire", new OnFireResponse() {
            @Override
            public void onValue(String arg0) {
            }
            @Override
            public void onValue(boolean arg0) {
                    reFire = arg0;
            }
        });
}
/**
 * 获取人体
 * @return 人体值，true 为有人，false 为无人
 */
public String getPerson(){
    return rePerson;
}
/**
 * 获取火焰
 * @return 火焰值，true 为有火，false 为无火
 */
public boolean getFire(){
    return reFire;
}
}
```

5）实现打开与关闭风扇功能。其代码如下：

```
//打开1风扇
    public void openFan1(){
    Analog4150ServiceAPI.sendRelayControl(open1Fen);
    }
    //打开2风扇
```

```
public void openFan2(){
Analog4150ServiceAPI.sendRelayControl(open2Fen);
}
//关闭1风扇
public void closeFan1(){
Analog4150ServiceAPI.sendRelayControl(close1Fen);
}
//关闭2风扇
public void closeFan2(){
Analog4150ServiceAPI.sendRelayControl(close2Fen);
}
```

6）新建MySocket类继承Thread类，完成其构造方法，实现Socket连接。其代码如下：

```
public class MySocket extends Thread{
    private Socket mSocket=null;
    private OutputStream mOutStream;
    private String mSocket_Ip ="";//Socket服务器IP
    private int mSocket_Port = 0;//Socket服务器端口
    public static boolean isRun = true;
    public String sendMsg = "";
    public MySocket(String mSocket_Ip, int mSocket_Port,String sendMsg) {
        super();
        this.mSocket_Ip = mSocket_Ip;
        this.mSocket_Port = mSocket_Port;
        this.sendMsg = sendMsg;
        try {
                try {
                    //每2s发送一次
                    Thread.sleep(2000);
            } catch (InterruptedException e) {
                    // TODO Auto-generated catch block
                    e.printStackTrace();
                }
                //实例化Socket对象
                mSocket = new Socket(mSocket_Ip, mSocket_Port);
                //设置超时时间
                mSocket.setSoTimeout(5000);
                isRun = true;
        } catch (UnknownHostException e) {
                // TODO Auto-generated catch block
                isRun = false;
```

```
                e.printStackTrace();
            } catch (IOException e) {
                // TODO Auto-generated catch block
                isRun = false;
                e.printStackTrace();
            }
    }
```

7）重写Thread类中的run方法，用来获取输出流发送信息，并自定义closeSocket方法，关闭Socket连接。其代码如下：

```
@Override
    public void run() {
        super.run();
        while(isRun){

            try {
                //获取输出流
                mOutStream = mSocket.getOutputStream();
//              String send = URLEncoder.encode(sendMsg, "uf8");
                mOutStream.write(sendMsg.getBytes("UTF-8"), 0, sendMsg.getBytes().
length);
                } catch (IOException e) {
                    // TODO Auto-generated catch block
                    e.printStackTrace();
                }
            }
    }
    public void closeSocket(){
        try {
            isRun = false;
            mSocket.close();
        } catch (IOException e) {
            // TODO Auto-generated catch block
            e.printStackTrace();
        }
    }
```

8）在MainActivity中使用initView()方法对控件初始化，并重写Activity中的onDestroy()方法，用来实现关闭串口与Socket通信。其代码如下：

```
private void initView() {
    mTvPerson = (TextView)findViewById(R.id.tvPerson);
    mTvFire mTvFire = (TextView)findViewById(R.id.tvFire);
```

```
        }
@Override
    protected void onDestroy() {
        // TODO Auto-generated method stub
        super.onDestroy();
        if(mAdam4150!=null){
            mAdam4150.closeADAMPort();
         }
         if(mSocket!=null){
         mSocket.closeSocket();
         }
    }
```

9）在initView()方法中新建一个ADAM4150对象，并使用Handler判断传感器的值，更新界面并调用Socket线程。其代码如下：

```
private void initView() {
            mAdam4150 = new ADAM4150(1, 0, 3);
            mHandler.postDelayed(mRunnable, ms);
    }
private int ms = 300;//每300ms运行一次
  //声明一个Handler对象
   private Handler mHandler = new Handler();
   //声明一个Runnable对象
   private Runnable mRunnable = new Runnable() {
            @Override
            public void run() {
                //设置多少秒后执行
                mHandler.postDelayed(mRunnable, ms);
                //如果为真，则显示有人，反之显示无人
                mTvPerson.setText(mAdam4150.getPerson());
                mTvFire.setText(mAdam4150.getFire()? "有火":"无火");
                //如果为真，则设置火焰图片，反之隐藏火焰图片
                if(mAdam4150.getFire()){
                    //实例化MySocket 传入IP端口和将发送的信息
                    mSocket.isRun = true;
                    if(mSocket!=null)return;
                    //IP 为 socket service IP 端口
                    mSocket = new MySocket("192.168.191.1", 8081, "To catch fire!");
                    mSocket.start();
                 }else{
                    mSocket.isRun = false;
                 }
```

```
            }
        };
```

10）在AndroidManifest文件中声明联网允许。其代码如下：

```
<uses-permission android:name="android.permission.INTERNET"/>
```

11）运行.net Demo8_1_Socket_Service程序，并启动Android端，可以用打火机使火焰传感器读取到火焰，之后Android端通过Socket通信将信息发送到.net端，将火情信息"To catch fire!"显示在.net端。

任务2　终端远程控制摄像头

任务目标

1．掌握Android中URL的基本知识

2．掌握URL读取网络资源的方法

3．掌握HTTP方式访问网络的方法

4．掌握HttpURLConnection与HttpClient接口的用法

5．掌握WebView组件的用法

扫码观看本任务操作视频

知识准备

URL（Uniform Resource Locator）对象代表统一资源定位器，它是指向互联网"资源"的指针。资源可以是简单的文件或目录，也可以是对复杂的对象的引用，如对数据库或搜索引擎的查询。通常，URL可以由协议名、主机、端口和资源组成。

格式：protocal://host:port/resourceName

例如：http://finance.sina.com.cn:8080/zl/

URL类提供了一些构造器用于创建URL对象，一旦获得URL对象之后，就可以调用如下常用方法来访问这些URL对应的资源。

URL请求的类别分为以下两类：GET请求与POST请求。二者的区别在于：GET请求可以获取静态页面，也可以把参数放在URL字串后面，传递给Servlet。

POST请求的参数不是放在URL字串里面，而是放在HTTP请求的正文内。

1．HttpURLConnection接口

HttpURLConnection是一种多用途、轻量级的HTTP客户端，使用它来进行HTTP操作可以适用于大多数的应用程序。

在Java.net类中，HttpURLConnection类是一种访问HTTP资源的方式。HttpURLConnection继承URLConnection，可用于向指定网站发送GET请求、POST请求。它在URLConnection的基础上提供了如下便捷的方法。

1）int getResponseCode()：获取服务器的响应代码。

2）String getResponseMessage()：获取服务器的响应消息。

3）String getResponseMethod()：获取发送请求的方法。

4）void setRequestMethod(String method)：设置发送请求的方法。

在一般情况下，如果只是需要Web站点的某个简单页面提交请求并获取服务器响应，则HttpURLConnection完全可以胜任。但在绝大部分情况下，Web站点的网页可能没这么简单，这些页面并不是通过一个简单的URL就可访问的，可能需要用户登录而且具有相应的权限才可访问该页面。在这种情况下，就需要Session、Cookie处理了，如果打算使用HttpURLConnection来处理这些细节，当然也是可能实现的，只是处理起来难度就大了。

HttpURLConnection的connect()函数，实际上只是建立了一个与服务器的TCP连接，并没有实际发送HTTP请求。无论是POST请求还是GET请求，HTTP请求实际上直到HttpURLConnection的getInputStream()这个函数里面才正式发送出去。

HTTP请求实际上由以下两部分组成：一个是HTTP头，所有关于此次HTTP请求的配置都在HTTP头里面定义；另一个是正文content, connect()函数会根据HttpURLConnection对象的配置值生成HTTP头部信息。因此在调用connect函数之前，必须把所有的配置准备好。

HttpURLConnection是基于HTTP的，其底层通过Socket通信实现。如果不设置超时（timeout），在网络异常的情况下，可能会导致程序僵死而不继续往下执行。可以通过以下两个语句来设置相应的超时：

① System.setProperty（“sun.net.client.defaultConnectTimeout”，超时毫秒数字符串）；

② System.setProperty（“sun.net.client.defaultReadTimeout”，超时毫秒数字符串）；

其中，sun.net.client.defaultConnectTimeout表示连接主机的超时时间（单位为ms），sun.net.client.defaultReadTimeout表示从主机读取数据的超时时间（单位为ms）。

HttpURLConnection对象不能直接构造，需要通过URL.openConnection()来获得

HttpURLConnection对象，示例代码如下：

```
String szUrl = "http://www.ee2ee.com/";
URL url = new URL(szUrl);
HttpURLConnection urlCon = (HttpURLConnection)url.openConnection();
```

2．HttpClient接口

在Android中，使用HTTP的编程工作是比较简单的，Android SDK中已经集成了Apache的HttpClient模块。使用HttpClient可以快速开发出功能强大的Http程序。一般说来，要开发与Internet连接的程序，最基础的还是使用HttpURLConnection。

为了更好地处理Web站点请求，包括处理Session、Cookie等细节问题，Apache开源组织提供了一个HttpClient项目。它是一个简单的HTTP客户端（并不是浏览器），可以用于发送HTTP请求，接收HTTP响应。但不会缓存服务器的响应，不能执行HTML页面中嵌入的Javascript代码，也不会对页面内容进行任何解析、处理。

简单地说，HttpClient就是一个增强版的HttpURLConnection，HttpURLConnection可以做的事情HttpClient全部可以做；HttpURLConnection没有提供的一些功能，HttpClient也提供了，但它只是关注于如何发送请求、接收响应，以及管理HTTP连接。使用HttpClient发送请求、接收响应很简单，步骤如下：

1）创建HttpClient对象。

2）如果需要发送GET请求，则创建HttpGet对象；如果需要发送POST请求，则创建HttpPost对象。

3）如果需要发送请求参数，则可以调用HttpGet、HttpPost共同的setParams（HttpParams params）方法来添加请求参数；对于HttpPost对象而言，也可调用setEntity（HttpEntity entity）方法来设置请求参数。

4）调用HttpClient对象的execute（HttpUriRequest request）发送请求，执行该方法返回一个HttpResponse。

5）调用HttpResponse的getAllHeaders()、getHeaders（String name）等方法可以获取服务器的响应头；调用HttpResponse的getEntity()方法可以获取HttpEntity对象，该对象包装了服务器的响应内容。程序可通过该对象获取服务器的响应内容。

在Android 2.2版本之前，HttpClient拥有较少的漏洞，因此使用它是最好的选择。而在Android 2.3版本及以后，HttpURLConnection则是最佳的选择。它的API简单，体积较小，因而非常适用于Android项目。压缩和缓存机制可以有效地减小网络访问的流量，在提升速度和省电方面也起到了较大的作用。对于新的应用程序应该更加偏向于使用HttpURLConnection。

3．WebView组件的使用

（1）WebKit

Android手机中内置了一款高性能WebKit内核浏览器。WebKit是Mac OS X v10.3及以上版本所包含的软件框架（对v10.2.7及以上版本也可通过软件更新获取）。同时，WebKit也是Mac OS X的Safari网页浏览器的基础。WebKit是一个开源项目，主要由KDE的KHTML修改而来，并且包含了一些来自苹果公司的组件。

（2）WebView

WebView相当于一个迷你的浏览器，采用Webkit内核，支持HTML、JavaScript、CSS等。有时，完全可以把UI甚至数据处理都交给WebView，配合PHP等服务端程序，这样Android开发就变成了网页开发，可以省很多精力。

（3）Android实现WebView的方法

1）第一种方法。

① 要在Activity中实例化WebView组件：WebView webView = new WebView(this)。

② 调用WebView的loadUrl()方法，设置WebView要显示的网页。

互联网用：webView.loadUrl（“http://www.android.com”）。

本地文件用：webView.loadUrl（“file:// android_asset/XX.html”），本地文件存放在assets文件中。

③ 调用Activity的setContentView()方法来显示网页视图。

④ 用WebView单击链接后，为了让WebView支持回退功能，需要覆盖Activity类的onKeyDown()方法，如果不做任何处理，单击<Backspace>键，则整个浏览器会调用finish()结束自身，而不是回退到上一页面。

⑤ 需要在AndroidManifest.xml文件中添加权限，否则会出现Web page not available错误。添加权限如下：

```
<uses-permission android:name=" android.permission.INTERNET" />
```

2）第二种方法。

① 在布局文件中声明WebView。

② 在Activity中实例化WebView。

③ 调用WebView的loadUrl()方法，设置WebView要显示的网页。

④ 为了让WebView能够响应超链接功能，调用setWebViewClient()方法，设置

WebView视图。

⑤ 用WebView单击链接后，为了让WebView支持回退功能，需要覆盖Activity类的onKeyDown()方法，如果不做任何处理，单击<Backspace>键，则整个浏览器会调用finish()结束自身，而不是回退到上一页面。

⑥ 需要在AndroidManifest.xml文件中添加权限，否则出现Web page not available错误。添加权限如下：

```
<uses-permission android:name=" android.permission.INTERNET" />
```

（4）常用属性、状态描述

1）WebSettings的常用方法。

① setAllowFileAccess：启用或禁止WebView访问文件数据。

② setBlockNetworkImage：是否显示网络图像。

③ setBuiltInZoomControls：设置是否支持缩放。

④ setCacheMode：设置缓冲的模式。

⑤ setDefaultFontSize：设置默认的字体大小。

⑥ setDefaultTextEncodingName：设置在解码时使用的默认编码。

⑦ setFixedFontFamily：设置固定使用的字体。

⑧ setJavaScriptEnabled：设置是否支持JavaScript。

⑨ setLayoutAlgorithm：设置布局方式。

⑩ setLightTouchEnabled：设置用鼠标激活被选项。

⑪ setSupportZoom：设置是否支持变焦。

2）WebViewClient的常用方法。

① doUpdate VisitedHistory：更新历史记录。

② onFormResubmission：应用程序重新请求网页数据。

③ onLoadResource：加载指定地址提供的资源。

④ onPageFinished：网页加载完毕。

⑤ onPageStarted：网页开始加载。

⑥ onReceivedError：报告错误信息。

⑦ onScaleChanged WebView：发生改变。

⑧ shouldOverrideUrlLoading：控制新的链接在当前WebView中打开。

3）WebChromeClient的常用方法。

① onCloseWindow：关闭WebView。

② onCreateWindow：创建WebView。

③ onJsAlert：处理JavaScript中的Alert对话框。

④ onJsConfirm：处理JavaScript中的Confirm对话框。

⑤ onJsPrompt：处理JavaScript中的Prompt对话框。

⑥ onProgressChanged：加载进度条改变。

⑦ onReceivedIcon：网页图标更改。

⑧ onReceivedTitle：网页Title更改。

⑨ onRequestFocus WebView：显示焦点。

（5）Android WebView开发过程中相关知识

1）AndroidManifest.xml中必须使用许可“android.permission.INTERNET”，否则会出现网页无法显示的错误。

2）如果访问的页面中有JavaScript，则WebView必须设置支持JavaScript。

3）如果希望单击链接继续在当前browser中响应，而不是在Android系统的browser中响应该链接，则必须覆盖WebView的WebViewClient对象。

4）下面的代码通过loadUrl方法设置当前WebView需要访问的网址：

```
mWebView=(WebView) findViewById(R.id.WebView01);
mWebView.loadUrl( "http://www.juapk.com/thread-940-1-1.html" );
```

5）在Android中专门通过WebSettings来设置WebView的一些属性、状态等。在创建WebView时，系统有一个默认的设置，可以通过WebView.getSettings来得到这个设置：

```
WebSettings webSettings=mWebView.getSettings();//取得对象
```

WebSettings和WebView都存在于同一个生命周期中。当WebView被销毁后，如果再使用WebSettings，则会抛出异常。

6）使用WebViewClient来完成在应用程序中自定义网页浏览程序。

WebViewClient是辅助WebView处理各种通知、请求等事件的类。通过WebView的setWebViewClient方法指定WebViewClient对象。

WebView可以通过覆盖WebViewClient方法来辅助WebView浏览网页。

```
public Boolean shouldOverrideUrlLoading
(WebView view,String url){view .loadUrl(url);return true;}
```

4．实时更新

通过HTTP连接来读取网页，每隔5s，程序会自动刷新。要实时地从网页获取数据，其实就是把获取网络数据的代码写到线程中，不停地进行更新。Android中更新视图不能直接在线程中进行，所以使用Handler来实现更新。这里要不断地取得摄像头采集的视频流，然后通过网络发送到服务端。

任务实现

本任务在前面已经有介绍，这里不再赘述。界面如图2-5所示。

任务3　验证用户登录信息

任务目标

扫码观看本任务操作视频

1．掌握Android中XML的解析方法

2．掌握Android中JSON的解析方法

创建一个Android项目，实现登录界面，将EditText控件中读取到的用户名及密码进行封装并发送到服务器端进行验证。Android端界面如图8-7所示。

图8-7

1．XML解析的使用

XML（eXtensible Markup Language，可扩展标记语言）是一种简单的数据存储语言，使用一系列简单的标记描述数据。从它诞生到现在，已经得到了广泛的应用。它架起了复杂的标准通用标记语言（SGML）与功能有限的超文本标记语言（HTML）之间的桥梁。

XML文件的解析是指把代表XML文档的一个无结构的字符序列转换成满足XML语法的结构化组件的过程。

在Android手机中处理XML数据是很常见的事情，通常在不同平台传输数据时，就可能使用XML。XML具有与平台无关的特性，被广泛运用于数据通信中。

通常有以下3种解析方式，DOM、SAX、PULL。

（1）DOM解析技术

1）DOM的工作原理。

使用DOM对XML文件进行操作时，首先要解析文件，将文件分为独立的元素、属性和注释等，然后以节点树的形式在内存中对XML文件进行表示，通过节点树访问文档的内容，并根据需要修改文档。

DOM实现时首先为XML文档的解析定义一组接口，解析器读入整个文档，然后构造一个驻留内存的树结构，这样代码就可以使用DOM接口来操作整个树结构。

2）常用的DOM接口和类。

① Document：该接口定义分析并创建DOM文档的一系列方法，它是文档树的根，是操作DOM的基础。

② Element：该接口继承Node接口，提供了获取、修改XML元素名字和属性的方法。

③ Node：该接口提供处理并获取节点和子节点值的方法。

④ NodeList：提供获得节点个数和当前节点的方法。这样就可以迭代地访问各个节点。

⑤ DOMParser：该类是Apache的Xerces中的DOM解析器类，可直接解析XML文件。

3）DOM的解析流程。

XML文件的处理过程如图8-8所示。

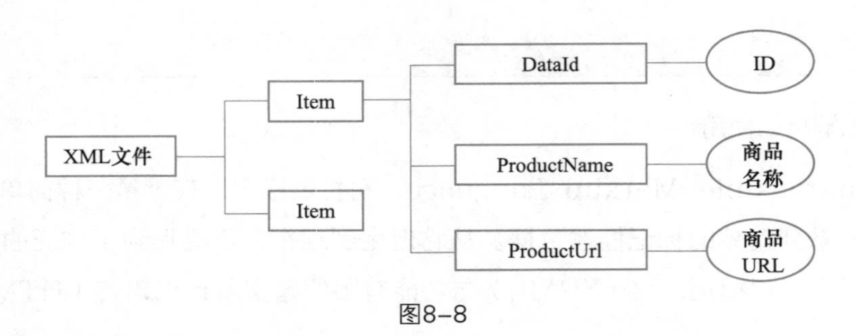

图8-8

（2）SAX解析技术

SAX（Simple API for XML）是XML简单应用程序接口，是一个公共的基于事件的XML文档解析标准。它以事件作为解析XML文件的模式，将XML文件转化成一系列的事件，由不同的事件处理器来决定如何处理。

1）SAX的工作原理。

简单地说，SAX解析技术就是对文档进行顺序扫描，当扫描到文档（document）开始与结束、元素（element）开始与结束等地方时通知事件处理函数，由事件处理函数做相应动作，然后继续同样地扫描，直至文档结束。

SAX采用事件驱动，不需要完全读完XML文件，它是读到一个节点就解析一个节点是否符合XML语法。如果符合，就调用相对应的方法（其实就是回调方法），并且没有记忆功能。

2）常用的SAX接口和类。

① Attrbutes：用于得到属性的个数、名字和值。

② ContentHandler：定义与文档本身关联的事件（如开始和结束标记）。大多数应用程序都注册这些事件。

③ DTDHandler：定义与DTD关联的事件。它没有定义足够的事件来完整地报告DTD。如果需要对DTD进行语法分析，请使用可选的DeclHandler。DeclHandler是SAX的扩展，不是所有的语法分析器都支持它。

④ EntityResolver：定义与装入实体关联的事件。只有少数几个应用程序注册这些事件。

⑤ ErrorHandler：定义错误事件。许多应用程序注册这些事件以便用它们自己的方式报错。

⑥ DefaultHandler：它提供了这些接口的默认实现。在大多数情况下，为应用程序扩展DefaultHandler并覆盖相关的方法要比直接实现一个接口更容易。

3）SAX的解析流程。

上述给出的XML文件的处理过程如图8-9所示。

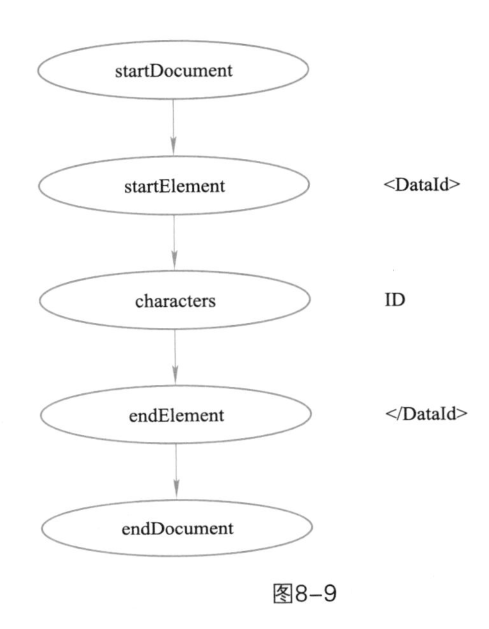

图8-9

（3）PULL解析技术

Android附带了一个PULL解析器，其工作方式类似于SAX。它允许用户的应用程序代码从解析器中获取事件，这与SAX解析器自动将事件推入处理程序相反。

1）PULL的工作原理。

PULL提供了开始元素和结束元素。当某个元素开始时，可以调用parser.nextText()从XML文档中提取所有字符数据。当解释到一个文档结束时，自动生成endDocument事件。

2）常用的PULL的接口和类。

① XmlPullParser：XMLPULL解析器是一个在XMLPULLV1API中提供了定义解析功能的接口。

② XmlSerializer：一个接口，定义了XML信息集的序列。

③ XmlPullParserFactory：这个类用于在XMLPULLV1API中创建XMLPull解析器。

④ XmlPullParserException：抛出单一的与XMLPULL解析器相关的错误。

3）PULL的解析流程。

上述给出的XML文件的处理过程如图8-10所示。

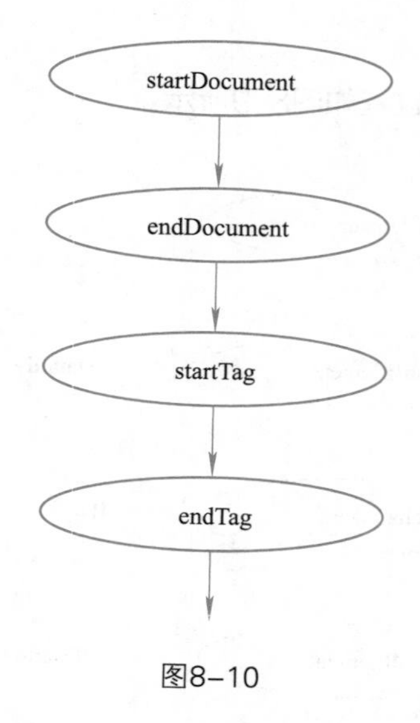

图8-10

（4）三种解析技术的比较

对于Android的移动设备而言，因为设备的资源比较宝贵，内存是有限的，所以需要选择适合的技术来解析XML，这样有利于提高访问的速度。

1）DOM在处理XML文件时，将XML文件解析成树状结构并放入内存中进行处理。当XML文件较小时，可以选DOM，因为它简单、直观。

2）SAX则是以事件作为解析XML文件的模式，它将XML文件转化成一系列的事件，由不同的事件处理器来决定如何处理。当XML文件较大时，选择SAX技术是比较合理的。虽然代码量有些大，但是它不需要将所有的XML文件加载到内存中。这样对于有限的Android内存更有效，而且Android提供了一种传统的SAX使用方法以及一个便捷的SAX包装器。

3）PULL解析并未像SAX解析那样监听元素的结束，而是在开始处完成了大部分处理。这有利于提早读取XML文件，可以极大地减少解析时间，这种优化对于连接速度较慢的移动设备而言尤为重要。当XML文档较大但只需要文档的一部分时，PULL解析器则是更为有效的方法。

2．JSON解析的使用

（1）JSON（Java Script Object Notation）的定义

JSON是一种轻量级的数据交换格式，具有良好的可读和便于快速编写的特性。业内主流技术为其提供了完整的解决方案（有点类似于正则表达式，获得了当今大部分语言的支持），从而可以在不同平台间进行数据交换。JSON采用兼容性很高的文本格式，同时也具备类似于C语言体系的行为。

（2）在Android中包含的与JSON相关的类

1）JSONObject：系统中有关JSON定义的基本单元，其包含一对(Key/Value)数值。

它对外部（External：应用toString()方法输出的数值）调用的响应体现为一个标准的字符串（如{“JSON”：“Hello，World”}，最外被大括号包裹，其中的Key和Value被冒号“:”分隔）。Value的类型包括Boolean、JSONArray、JSONObject、Number、String，或者默认值JSONObject. NULL object。

它有两个不同的取值方法。

get()：在确定数值存在的条件下使用。当无法检索到相关Key时，将会抛出一个Exception信息。

opt()：这个方法相对比较灵活，当无法获取所指定数值时，将会返回一个默认数值，并不会抛出异常。

2）JSONArray：代表一组有序的数值。将其转换为String输出（toString）所表现的形式是用方括号包裹，数值以逗号“,”分隔（如[value1, value2, value3]）。这个类的内部同样具有查询行为，get()和opt()两种方法都可以通过index索引返回指定的数值，put()方法用来添加或者替换数值。

这个类的Value类型包括Boolean、JSONArray、JSONObject、Number、String，或者默认值JSONObject. NULL object。

3）JSONStringer：可以帮助快速和便捷地创建JSON text。其最大的优点在于可以减少由于格式的错误导致程序异常的情况的发生，引用这个类可以自动严格按照JSON语法规则（syntaxrules）创建JSON text。每个JSONStringer实体只能对应创建一个JSON text。根据下面的实例来了解其他相关信息：

```
view plain
String myString = new JSONStringer().object()
.key( “name” )
.value( “小猪” )
.endObject()
.toString();
```

结果是一组标准格式的JSON text：{“name”：“小猪”}

其中的. object()和. endObject()必须同时使用，是为了按照Object标准给数值添加边界。同样，针对数组也有一组标准的方法来生成边界. array()和. endArray()。

4）JSONTokener。当系统为JSONObject和JSONArray构造器解析JSON source

string的类时，它可以从source string中提取数值信息。

5）JSONException：JSON.org类抛出的异常信息。

（3）JSON与XML的比较

1）JSON和XML的数据可读性基本相同。

2）JSON和XML同样拥有丰富的解析手段。

3）JSON相对于XML来讲，数据的体积小。

4）JSON与JavaScript的交互更加方便。

5）JSON对数据的描述性比XML差。

6）JSON的速度要远远快于XML。

任务实现

1）新建Android项目AndroidDemo8_3，并将项目2中任务8的界面导入到本项目中，作为本项目登录之后的界面。

2）新建名为activity_login.xml.的文件，结合项目2的知识制作登录界面，如图8-7所示。

3）在src文件夹中新建LoginActivity.java文件，并自定义initView()方法，实现控件的初始化，定义名为URI的string字符串存放服务器端地址。其代码如下：

```
public class LoginActivity extends AppCompatActivity {
        private Button mBtnLogin;//登录按钮
        private EditText mEtUserId,mEtPassword;//账号密码编辑框
        public String uri = "http://192.168.191.1:80/index.ashx";//WebService地址
    @Override
    protected void onCreate(Bundle savedInstanceState) {
        super.onCreate(savedInstanceState);
        setContentView(R.layout.activity_login);
        initView();
}
private void initView() {
        mBtnLogin = (Button)findViewById(R.id.btnLogin);
        mEtUserId = (EditText)findViewById(R.id.etUserId);
        mEtPassword = (EditText)findViewById(R.id.etPassWord);
}
```

4）自定义LoginThread类继承Thread类，并对用户名及密码进行封装。其代码如下：

```
public class LoginThread extends Thread{
```

```
private String UserName;//将要请求的用户名
private String UserPwd;//将要请求的密码
public LoginThread(String UserName,String UserPwd){
        this.UserName = UserName;
        this.UserPwd = UserPwd;
}
@Override
public void run() {
        // TODO Auto-generated method stub
        super.run();
        HttpPost re = new HttpPost(uri);
        try {
             //该Json对象为：{"OP":"Login","Context":{"UserName":"admin","UserPwd":"a
dmin"}}
            //声明Json对象
            JSONObject data = new JSONObject();
            //在Json对象中添加OP节点
            data.put("OP", "Login");
            JSONObject context = new JSONObject();
            //添加context对象
            context.put("UserName", UserName);
            context.put("UserPwd", UserPwd);
            data.put("Context", context);
            //将Json数据放入 StringEntity 中
            StringEntity entity = new StringEntity(data.toString());
            //设置内容类型
            entity.setContentType("application/json");
            //设置传入实体
            re.setEntity(entity);
```

5）在run方法中把已经封装好的数据通过HTTP发送到服务器端，并将返回的结果通过Message对象发送。其代码如下：

```
HttpResponse httpResponse = new DefaultHttpClient().execute(re);
                String reString = EntityUtils.toString(httpResponse.getEntity());
                //将返回字符串转换成Json对象
                JSONObject reJson = new JSONObject(reString);
                boolean isSuccess = reJson.getBoolean("IsSuccess");
                //发送服务器返回结果
                Message msg = new Message();
                msg.obj = isSuccess;
```

```
                //通过Handler传给主线程
                mHandler.sendMessage(msg);
```

6）使用Handler接收Message对象并判断，如果返回值为true，则进行页面跳转；如果返回值为false，则提示登录失败。其代码如下：

```
Handler mHandler = new Handler(){
    public void handleMessage(Message msg) {
            boolean isSuccess = (Boolean) msg.obj;
            //对返回结果进行判断
            if(isSuccess){
                    //登录成功 跳转页面
                    Intent intent = new Intent(LoginActivity.this, MainActivity.class);
                    startActivity(intent);
            }else{
                    Toast.makeText(getApplicationContext(), "账号密码错误", Toast.LENGTH_
SHORT).show();
                    }
    };
};
```

7）在AndroidManifest文件中声明联网允许，代码如下：

```
<uses-permission android:name="android.permission.INTERNET"/>
```

8）将WebService发布到IIS服务器上后，运行Android程序进行登录验证。

项目小结

本项目主要介绍了TCP/IP通信方法HTTP连接JSON格式和XML格式的封装。这些都是Android网络开发与服务器进行信息交流通信的必备技能。

参 考 文 献

[1] 张阳，郭宝．万物互联蜂窝物联网组网技术详解[M]．北京：机械工业出版社，2018.

[2] 冯暖，周振超，杨玥，等．物联网通信技术[M]．北京：清华大学出版社，2016.

[3] 郭霖．第一行代码Android [M]．2版．北京：人民邮电出版社，2016.

[4] PHILLIPS B，HARDY B．Android编程权威指南[M]．王明发，译．北京：人民邮电出版社，2014.

[5] 刘国柱，杜军威，QST青软实训．Android程序设计与开发[M]．北京：清华大学出版社，2017.